Effizient arbeiten
mit dem iPad

Richard Lamers

Effizient arbeiten
mit dem iPad

Die wichtigsten Apps
für den Berufsalltag

mitp

Bibliografische Information der Deutschen Nationalbibliothek
Die Deutsche Nationalbibliothek verzeichnet diese Publikation in der
Deutschen Nationalbibliografie; detaillierte bibliografische
Daten sind im Internet über <http://dnb.d-nb.de> abrufbar.

Bei der Herstellung des Werkes haben wir uns zukunftsbewusst für
umweltverträgliche und wiederverwertbare Materialien entschieden.
Der Inhalt ist auf elementar chlorfreiem Papier gedruckt.

ISBN 9783826694813
1. Auflage 2015

www.mitp.de
E-Mail: mitp-verlag@sigloch.de
Telefon: +49 7953 / 7189 – 079
Telefax: +49 7953 / 7189 – 082

© 2015 mitp-Verlags GmbH & Co. KG

Lektorat: Sabine Janatschek, Miriam Robels
Sprachkorrektorat: Petra Heubach-Erdmann
Covergestaltung: Anika Wilms, www.ideathek.de
Satz: III-Satz, Husby, www.drei-satz.de
Druck: Medienhaus Plump GmbH, Rheinbreitbach
Bildnachweis: @ adam121 – Fotolia.de

Inhalt

Kapitel 5 Im Internet zu Hause

Kapitel 6 E-Mails auf dem iPad

Kapitel 7 Ideen und Projektplanung

Kapitel 8 Sich Notizen machen 55

Kapitel 9 Office-Anwendungen 63

Kapitel 10 Fotografieren für Laien und Profis 77

Kapitel 11 Kunden managen mit dem iPad 81

Kapitel 12 Unterwegs mit dem iPad 89

Kapitel 17 Bücher und Zeitschriften

Kapitel 18 Rechnen und Buchhaltung

Kapitel 19 Backup und Sicherheit 159

Kapitel 20 Das Umfeld: Drucken und zeigen 169

1

Einleitung: iPad für Freiberufler und Selbstständige

Als das erfolgsverwöhnte Unternehmen Apple im Jahre 2010 das iPad auf den Markt brachte, waren Fachwelt und Kunden zunächst geteilter Meinung: für die eine Gruppe eine geniale und nur konsequente Erfindung, für die Kritiker ein überflüssiges Stück Technik. Die Verkaufszahlen bewiesen aber schnell, dass hier nicht nur ein erfolgreiches Produkt eingeführt, sondern ein komplett neuer Markt geschaffen wurde. Das iPad hat es geschafft, das Internet vom Arbeitszimmer auf die Couch zu transportieren. Abseits vom Privatgebrauch ist der Nutzen allerdings weitaus geringer. Hat das iPad aber auch für Freiberufler Potenzial? Das Buch »Effizient arbeiten mit dem iPad« will eine Antwort auf diese Frage geben. Für ganz Eilige ist das erste Kapitel gedacht. Es lotet bereits die Möglichkeiten aus, wann sich der Einsatz lohnt und wo sich Grenzen ergeben. Hier werden bereits einige sinnvolle Apps vorgestellt. Die folgenden Kapitel vertiefen dann die Einsatzmöglichkeiten und liefern mehr Beispiele für die praktische Anwendung. Auch wenn Freiberufler und Selbstständige nicht den gleichen juristischen Status haben, werden diese in diesem

Fall synonym verwandt, da die Nutzungsmöglichkeiten sehr ähnlich sind. Das Gleiche gilt für die grammatische Wahl des Geschlechts. Beides soll nicht als diskriminierend verstanden werden. Um das Auffinden der Apps im Store zu vereinfachen, haben wir den jeweiligen QR-Code mit dem entsprechenden Link eingebaut. Die Preisangaben verstehen sich als unverbindlich, da es in diesem Bereich häufig Änderungen gibt.

1.1 Perfekt im mobilen Gebrauch

Ob und wofür das iPad sinnvoll genutzt werden kann, ist vor allem natürlich eine Frage der Tätigkeit. Dabei sind die Stärken verglichen mit einem klassischen Laptop ganz eindeutig festzustellen: Die Akkulaufzeit liegt eindeutig über jener, die mit einem herkömmlichen mobilen Rechner erreicht werden kann. Ein iPad kommt rund zehn Stunden ohne externe Stromquelle aus, wenn bei etwa der mittleren Displayhelligkeit im Internet gesurft wird. Laptops können nur die Hälfte der Zeit in Betrieb genommen werden, ohne wieder auf eine Steckdose angewiesen zu sein. Besonders bei Reisen mit öffentlichen Verkehrsmitteln ist das natürlich ein unschätzbarer Vorteil: Mit eingebautem 3G-Modem ist es auch unterwegs im Zug möglich, im Internet zu surfen und Mails zu lesen. Der Laptop hingegen benötigt dafür zumeist einen externen Surfstick, nur recht wenige Modelle haben das UMTS-Modem direkt eingebaut. Zudem ist ein iPad natürlich deutlich leichter und kompakter: Besonders in öffentlichen Verkehrsmitteln, in denen der Platz oft beengt ist, kann dieser Vorzug nicht hoch genug eingeschätzt werden. Im Gegensatz zu einem ausgewachsenen Laptop wird nämlich kein Tisch benötigt, um das Gerät abzustellen – das iPad wird auch nach längerer Zeit nicht zu schwer, um in den Händen gehalten zu werden.

1.2 Lange Texte? Besser mit dem Laptop

Wie gut das Verfassen von Texten auf dem iPad gelingt, ist hingegen eine sehr individuelle Frage: Einige Freiberufler beantworten mit Begeisterung E-Mails und verfassen sogar Blog-Einträge, andere können sich mit der Bildschirmtastatur nicht so recht anfreunden. Denn trotz des Tippgeräusches fehlt ein haptisches Feedback, wie es beim Drücken eines Knopfes entsteht. Weil die Hände nichts fühlen außer einer glatten Glasfläche, gibt es keine Orientierung. Blind kann also kaum geschrieben werden, weil vollkommen unklar ist, wo man sich gerade auf der Tastatur befindet. Auch wenn grundsätzlich mit dem Tippen von Texten keine Schwierigkeiten bestehen und man auch der automatischen Korrekturfunktion der Software eine gute Arbeit bescheinigen kann, dürften wohl längere Texte nicht gerne auf einem Tablet verfasst werden. Fraglich ist aber natürlich auch, ob das zum Repertoire eines Freiberuflers gehört. Außerdem hat der Zubehörhandel diesen Mangel schon für sich entdeckt: Speziell für das iPad werden Tastaturen angeboten, die gleich mehrere Funktionen haben: Sie lassen sich auf das Display des iPads klappen und dienen so als Schutz vor Stößen und Kratzern; zudem lässt sich das Tablet so in einer perfekten Neigung aufstellen. Die Verbindung wird unkompliziert und kabellos via Bluetooth hergestellt. Zu guter Letzt wird das Schreiben über eine echte Hardware-Tastatur möglich – wenn es sich auch um ein sehr kleines Modell handelt, das der Länge des iPads entspricht.

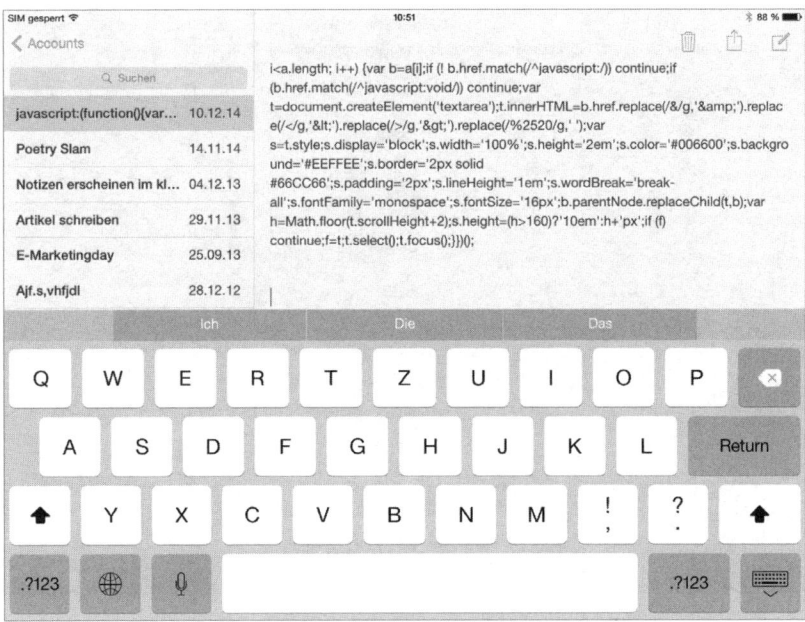

Abbildung 1.1: Das Tippen mit der Tastatur ist eher mühsam.

1.3 iPad ideal für den Medienkonsum

Doch das Schreiben ist heute für den Arbeitsalltag nicht immer relevant: Wer einfach nur recherchieren möchte, findet im iPad seinen idealen Begleiter. Zum Surfen ist das iPad perfekt geeignet, denn Seiten bauen sich schnell auf und die Displaygröße mit einer Diagonalen von 9,7 Zoll ist ausreichend, um auch komplexe Websites in voller Breite anzusehen. Überhaupt ist das iPad zum Konsumieren von Medieninhalten geradezu ideal: Wer sich als Freiberufler also Flyer ansehen oder Dokumente betrachten möchte, kann dies mit dem iPad ebenso gut tun wie mit einem herkömmlichen Laptop – wegen der hohen Mobilität möglicherweise sogar besser. Denn ein langes PDF wird am Bildschirm zumeist nur überflogen, kaum jemand macht sich freiwillig die Mühe, ein langes Dokument am Arbeitsplatz zu lesen – da wirkt das iPad in Couchnähe zweifelsfrei einladender. Ein Laptop ist auf dem Sofa ohnehin nicht so gut aufgehoben, weil hier gerne einmal die Lüftungsschlitze verdeckt werden.

Abbildung 1.2: Das iPad eignet sich besonders für den Medienkonsum – wie dem Serienschauen über *Watchever*.

Das Thema »Dokumente« könnte dabei für einen Freiberufler ebenfalls ein relevanter Punkt sein. Denn lange Zeit war es kaum denkbar, Dokumente, die mit Microsoft Excel oder Word erstellt wurden, auf dem iPad zu bearbeiten. Alternativen sind zwar verfügbar, aber bei den Microsoft-eigenen Dateiformaten kam es immer wieder zu Schwierigkeiten bei der Formatierung. Seit geraumer Zeit gehört das allerdings der Vergangenheit an: Microsoft hat auf den Erfolg des iPads reagiert und bietet nun seit Kurzem sogar kostenlos *Office Mobile* an, das für die Nutzung mit dem iPad optimiert wurde. Prinzipiell gefällt die Umsetzung, denn kleine Schaltflächen wurden so vergrößert, dass sie auch mit dem Finger statt der Maus zu bedienen sind. Klar sollte aber auch sein, dass der immense Funktionsumfang der Desktopvariante dafür reduziert werden musste. Und genau hier könnte der Knackpunkt liegen: Was für eine Office-Suite gilt, trifft auch auf viele andere Bereiche der Nutzung zu. Als vollwertiges Arbeitsgerät ist ein iPad weniger zu verwenden – als Ergänzung hingegen schon. Denn immer mehr Entwickler setzen auf Apps, die im Business-Alltag einen wichtigen Beitrag zum produktiven Einsatz des iPads leisten können.

1.4 Organisation und Kreativität

Wer schnell die Übersicht über anstehende Aufgaben und Termine verliert, sollte sich einmal die App *Calendars 5* ansehen: Hiermit lassen sich nicht nur die Aufgaben und Einträge mit dem iOS-Kalender synchronisieren, sondern auch jene, die auf den Google-Servern gespeichert werden. *Calendars 5* eignet sich also besonders dann, wenn plattformübergreifend gearbeitet wird, also beispielsweise neben dem iPad noch ein Android-Smartphone verwendet wird. Die App überzeugt vor allem durch ein erfrischend übersichtliches und modernes Design. Wird das iPad neben den Tätigkeiten als Freiberufler auch privat eingesetzt, kann eine zweite Mail-App nicht schaden. Sie erlaubt es, private und dienstliche Mails zu trennen. Die vom bekannten Cloud-Anbieter Dropbox entwickelte App ermöglicht eine Anbindung an die iCloud, Google sowie Yahoo. Als Alternative zu dem klar strukturierten Programm dienen vor allem die eigenen Apps der Provider: der Anbieter 1&1 hat genauso eine Mail-App im Angebot wie beispielsweise GMX. Kreative Freiberufler sollten sich einmal die App *MindNode* ansehen: Dabei handelt es sich um eine einfach zu bedienende Software, die es möglich macht, unterwegs eine Mindmap zu erstellen. Einem scheinbar willkürlichen Brainstorming kann so schnell Struktur beigebracht werden. Die App kommt mit nur wenigen Menüs aus und erleichtert somit eine Nutzung nach nur kurzer Einarbeitungszeit. Erstellte Mindmaps können dann in unterschiedlichen Formaten, darunter auch PDF, exportiert werden. Als Alternative zu den »Erinnerungen« von iOS bietet sich *Wunderlist* an: Damit lassen sich Notizen einfach und schnell über verschiedene Plattformen hinweg synchronisieren. Genau wie bei einer freien Mail-App ist das immer dann interessant, wenn auch Android oder Windows genutzt wird – was bei den meisten Freiberuflern dann auch der Fall sein dürfte. In *Wunderlist* erstellte Dokumente können übrigens in einer eigenen Cloud gesichert und sogar geteilt werden, was sich perfekt für die Zusammenarbeit in Teams nutzen lässt.

1.5 Eine Frage des Nutzungsprofils

Das iPad ist immer dann sinnvoll einsetzbar, wenn es sehr auf Mobilität ankommt und in der Hauptsache Inhalte konsumiert werden. Dazu können Videos genauso gehören wie das Surfen im Internet, das Lesen von Mails und Dokumenten sowie das Betrachten von Präsentationen. Doch es gibt auch Grenzen in der Anwendung. Wer beispielsweise mit CAD technische Zeichnungen erstellen möchte, wird das iPad kaum nutzen können – der vergleichsweise kleine Bildschirm und die Touchbedienung sorgen auch für gewisse Einschränkungen. Zudem sollte nicht vergessen werden, dass die Leistung der Hardware bei bestimmten Aufgaben eindeutig an die Grenzen stößt. Zwar reagiert das iPad bei der täglichen Nutzung schnell und baut auch zügig Internetseiten auf, verglichen mit einem Laptop oder gar Desktop-Rechner ist die Leistung aber um ein Vielfaches geringer. Für einige Freiberufler kann sich der Kauf aber dennoch lohnen: Wer mit wenig Gepäck unterwegs ist, eine lange Akkulaufzeit benötigt und häufig Notizen macht, ist mit dem iPad ausgezeichnet beraten.

2

Benutzerverwaltung und Synchronisierung

2.1 Meins oder deins?

Eine originäre Benutzerverwaltung für das iPad gibt es nicht. Apple geht davon aus, dass jeder Nutzer selbst ein iPad besitzt. Da ist das Android-Betriebssystem weiter – und das schon seit einigen Versionen. Das iPad wird durch die Apple-ID personalisiert und lässt sich daher nicht komplett auf einen anderen Nutzer umstellen. Allerdings gibt es die Möglichkeit, einige Dienste bestimmten Nutzern zuzuordnen. Das geht allerdings nur über eine entsprechende App. So kann man mit *Our Pad* immerhin einige Internet-Dienste, wie Facebook, Twitter und Google-Mail, personalisieren. Dafür werden die jeweiligen Zugangsdaten separat gespeichert. Der Zugang zu den Daten ist durch ein Muster oder eine PIN gesichert.

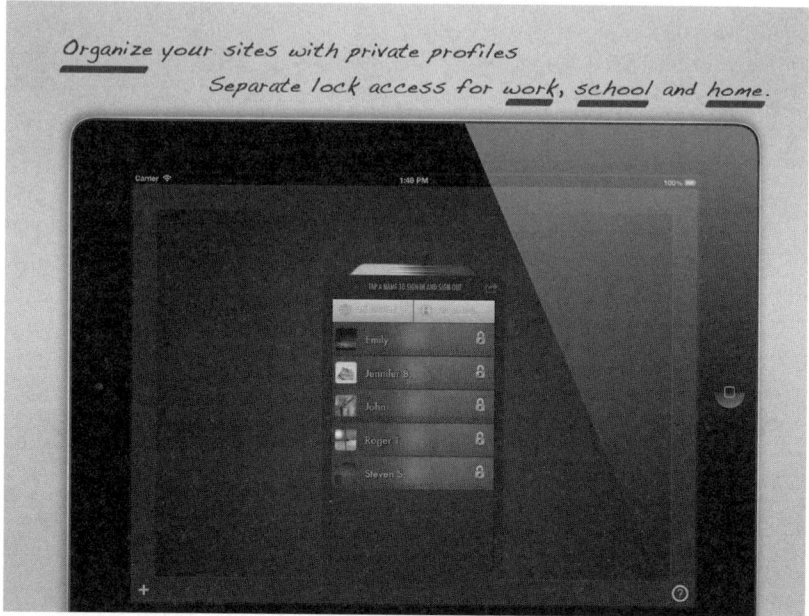

Abbildung 2.1: Our Pad personalisiert Internet-Zugänge. Nutzerprofile im klassischen DSinne lassen sich so nicht erstellen.

Wer sein Pad gejailbreakt hat, erweitert auch in diesem Fall seine Möglichkeiten. Unter Jailbreak versteht man das »Aufbrechen« des Betriebssystems, so dass man mehr Möglichkeiten zu Veränderungen hat. Apple erlaubt einen Jailbreak nicht. Hier ist die App *iUsers* am weitesten verbreitet. Eine andere Möglichkeit, bestimmte Apps von der Nutzung auszuschließen, ist es, die vorinstallierte Kindersicherung zu aktivieren. Dadurch kann zumindest verhindert werden, dass ein Kollege/Mitarbeiter bestimmte Apps nutzt. Von verschiedenen Benutzerprofilen, wie sie beispielsweise das OS-Betriebssystem schon lange kennt, ist dies allerdings noch sehr weit entfernt.

Abbildung 2.2: Our Pad 2,99 €

3

Alle Geräte zusammen

Die meisten Freiberufler und Selbstständigen nutzen mehrere Geräte: iPad, iPhone, Laptop und Desktop-Rechner. Um alle Dokumente und Anwendungen gleich zu halten, müssen diese synchronisiert werden. Dokumente lassen sich beispielsweise über eine Cloud immer aktuell halten. Das kann Apples eigene iCloud sein, aber auch ein anderer Cloud-Dienst, wie die berühmte Dropbox. Klassischerweise werden die Daten auch über iTunes abgeglichen. Das erfolgt altmodisch über Kabel oder modern über WLAN.

3.1 Synchronisierung mit iTunes

Wird iTunes verwendet, um Daten, die auf dem iOS-Gerät gespeichert sind, mit dem Rechner zu synchronisieren, ist eine Synchronisierung immer dann erforderlich, wenn Inhalte hinzugefügt, entfernt oder aktualisiert wurden. Um die Synchronisierung mittels eines USB-Kabels einzurichten, öffnen Sie iTunes und schließen Sie mit dem mitgelieferten USB-Kabel das iOS-Gerät an den Rechner an. Nun wird das Gerät in iTunes angezeigt. Wenn Sie auf das Geräte-Symbol klicken, sehen Sie im iTunes-Fenster links unter EINSTELLUNGEN verschiedene Tabs wie ÜBERSICHT, APPS und MUSIK. Um einen Tab für die Synchronisierung zu aktivieren, klicken Sie in der Liste auf den entsprechenden Inhaltstyp. Um die ausgewählten Inhalte zu synchronisieren, klicken Sie auf den gleichnamigen Button, der sich in der rechten unteren Bildschirmecke befindet.

Abbildung 3.1: Die Synchronisation mit iTunes über USB-Anschluss ist der Klassiker.

Wenn Sie Ihr iPhone oder iPad über WLAN synchronisieren möchten, können Sie ebenfalls iTunes verwenden. Wählen Sie in iTunes das gewünschte iOS-Gerät. Wählen Sie dann im Tab ÜBERSICHT unter OPTIONEN den Punkt MIT DIESEM IPAD/IPHONE ÜBER WLAN SYNCHRONISIEREN aus. Befinden sich iOS-Gerät und Rechner im gleichen Netzwerk, wird das Gerät direkt in iTunes angezeigt, sodass von hier aus die Synchronisierung gestartet werden kann. Wählen Sie hierzu das Gerät, legen Sie die Synchronisierungsoptionen fest und klicken Sie auf SYNCHRONISIEREN oder ANWENDEN.

3.2 Synchronisierung mit iCloud oder anderen Cloud-Diensten

Um Daten wie Kontakte, Fotos oder Musik auf verschiedenen Apple-Geräten zu synchronisieren, können Sie auch den Online-Speicherdienst iCloud verwenden. Wenn Sie auf dem Mac iCloud einrichten möchten, gehen Sie zu den SYSTEMEINSTELLUNGEN und wählen Sie dort den Punkt ICLOUD. Geben Sie Ihre

Apple-ID ein und wählen Sie aus, welche Daten online gespeichert werden sollen. Anschließend müssen Sie iCloud auch auf dem iOS-Gerät einrichten. Tragen Sie hierzu in den Einstellungen zu iCloud Ihre Apple-ID ein und legen Sie in den Optionen fest, welche Daten gespeichert beziehungsweise synchronisiert werden sollen. Werden neue Daten in der iCloud gespeichert, werden diese automatisch an alle anderen Apple-Geräte gesendet, sobald diese online sind.

Als Windows-Nutzer laden Sie zunächst die iCloud-Systemsteuerung für Windows. Wenn die Installation nicht automatisch erfolgt, wechseln Sie zum Explorer und öffnen Sie dann »iCloud-Einrichtung«. Anschließend starten Sie den Computer neu. Stellen Sie nun sicher, dass die iCloud-Systemsteuerung für Windows geöffnet ist. Wenn sie sich nicht automatisch öffnet, wählen Sie »Start«, öffnen Sie »Apps« oder »Programme«, und rufen Sie dann »iCloud-Systemsteuerung für Windows« auf. Geben Sie nun Ihre Apple-ID ein, um sich bei iCloud anzumelden. Abschließend wählen Sie die Inhaltsarten, die auf Ihren Geräten synchronisiert gehalten werden sollen.

Neben iCloud gibt es noch weitere Cloud-Dienste wie Dropbox, die ebenfalls für die Synchronisierung von Daten verwendet werden können. Um Dropbox nutzen zu können, muss die entsprechende Anwendung beziehungsweise App auf dem Mac und auf den iOS-Geräten installiert sein. Danach werden alle Dateien, die im Dropbox-Ordner gespeichert werden, automatisch auf der Dropbox-Webseite gespeichert. Ebenfalls automatisch werden diese Dateien von allen Apple-Geräten, deren Dropbox-Anwendung mit diesem Dropbox-Account verknüpft ist, heruntergeladen.

3.3 Ganz neu: Handoff

Seit iOS 8 besteht mit dem neuen Feature *Handoff* die Möglichkeit, auf einem Apple-Gerät eine Arbeit anzufangen und sie auf einem anderen fortzuführen. Dazu müssen Sie auf allen Geräten mit demselben iCloud-Account eingeloggt sein.

Einige Anwendungsbeispiele: Sie surfen zu Hause auf Ihrem Rechner mit dem Safari-Browser und können die Sitzung unterwegs mit dem iPhone fortführen. Die Funktion wird Ihnen stets im Sperr-Bildschirm und im App-Umschalter angeboten. Auf dem Mac landen die Vorschläge im Dock. *Handoff* funktioniert nicht nur mit Safari, sondern mit nahezu allen Apple-Apps. Dazu zählen unter anderem *Maps*, *Mail* und *Notizen*. Aber auch Anrufe lassen sich so am Mac annehmen und führen. Unter iOS lässt sich die Funktion in der *Einstellungen*-App unter ALLGEMEIN und HANDOFF & APP-VORSCHLÄGE aktivieren. Voraussetzung ist neben iOS 8 das Betriebssystem Yosemite auf dem Mac-Rechner. Da zurzeit hauptsächlich Apple-Software *Handoff* unterstützt, sind die Anwendungs-möglichkeiten noch überschaubar.

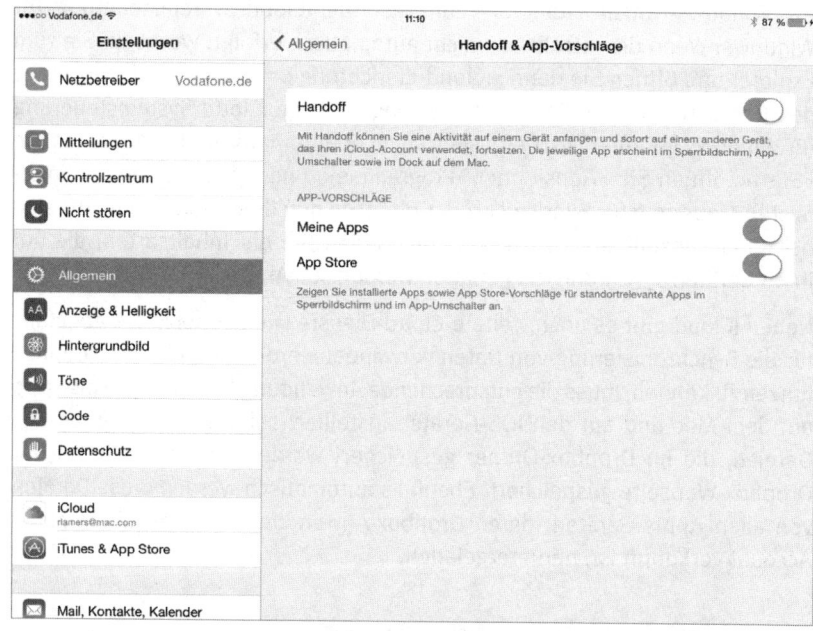

Abbildung 3.2: Die Funktion »Handoff« muss sich noch etablieren.

4

Wie funktioniert der App Store?

Eines der größten Argumente für den Kauf eines iPhones oder iPads ist der App Store: Mehr als 1,2 Millionen verschiedene Apps können hier heruntergeladen werden; anders als bei Googles Play Store wird die Qualität der Anwendungen überwacht, sodass Kunden weniger befürchten müssen, nicht funktionierende oder gar schadhafte Applikationen zu erstehen. Das Konzept geht auf, insgesamt mehr als 75 Milliarden Downloads machen die im März 2008 eingeführte Verkaufsplattform zu einem der wichtigsten Umsatzbringer im Konzern. Neben der Auswahl erfreut vor allem die einfache Bedienung des Shops.

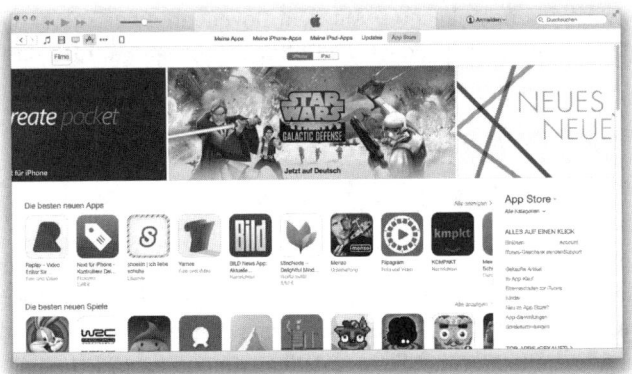

Abbildung 4.1: Ohne Apples App Store gibt es auch keine Apps.

4.1 Zahlung mit Kreditkarte

Grundsätzlich ist der App Store bei jedem Apple-Endgerät bereits vorinstalliert. Wenn Sie bereits eine Apple-ID besitzen, können Sie sich einfach einloggen und starten. Ist das nicht der Fall, wird eine Registrierung notwendig. Dabei muss bereits eine Zahlungsmethode angegeben werden, die bei möglichen Käufen von Apps oder Multimedia-Inhalten zum Einsatz kommt. Spätestens hier zeigt sich die US-amerikanische Herkunft des Unternehmens: Als Standard ist die Kreditkarte hinterlegt, die hierzulande kein derart gebräuchliches Zahlungsmittel darstellt, wie das in Nordamerika der Fall ist. Wenn Sie keine Kreditkarte besitzen, gibt es noch weitere Optionen. So ist auch die Auswahl von»ClickandBuy« möglich. Damit wird aber eine Registrierung bei dem von der Deutschen Telekom ins Leben gerufenen Bezahldienst notwendig, der dann mögliche Forderungen per Lastschrift von Girokonto abbucht.

4.2 Zahlung ohne Kreditkarte

Als letzte Alternative kann bei der Zahlungsmethode auch»Keine« ausgewählt werden. Danach können die Käufe mit Geschenkgutscheinen und Geschenkarten getätigt werden. Diese Gutscheinkarten sind frei im Handel erhältlich. Ähnlich einer Prepaid-Karte im Mobilfunkbereich kann ein gewisses Guthaben auf das Konto geladen werden, das dann für App-Käufe zur Verfügung steht. Dieses Guthaben kann auch im iTunes Store beispielsweise für Musik ausgegeben werden. Haben Sie eine Zahlungsmethoden ausgewählt, verläuft der Einkauf prinzipiell noch leichter: Mit dem Download einer kostenpflichtigen App bestätigen Sie zugleich, dass der Betrag eingezogen werden darf.

4.3 App-Empfehlungen standortabhängig

Mit dieser Registrierung ist bereits die größte Hürde bei der Verwendung des App Stores genommen, trotzdem sollten noch einige weiterführende Erklärungen gegeben werden. Apple selbst bezeichnet seine Produkte grundsätzlich als besonders benutzerfreundlich; trotzdem können für iOS-Neulinge durchaus Fragen aufkommen. Auf eine gedruckte Anleitung wird mittlerweile verzichtet, das Unternehmen hofft offensichtlich auf eine gewisse Experimentierfreude seiner Kunden. Zugutehalten muss man allerdings, dass das Konzept einen durchdachten Eindruck hinterlässt. Das ist auch notwendig, weil die immer noch steigende Anzahl verfügbarer Applikationen die Übersicht tendenziell erschwert. Apple ist aber an einem Verkauf möglichst vieler Programme interessiert, weil daran natürlich kräftig mitverdient wird.

Die grundsätzliche Unterteilung wird in »Highlights«, »Top-Charts« und »In der Nähe« vorgenommen. Mit den »Highlights« werden vor allem beliebte Neuerscheinungen eingeblendet, bei denen offenkundig der Verkauf gefördert werden soll. Die »Top-Charts« orientieren sich hingegen an den gesamten Download-Zahlen. Auf den vorderen Plätzen finden sich deshalb auch obligatorische Apps wie der Messenger *WhatsApp* beim iPhone oder die Applikation für das soziale Netzwerk *Facebook* bei sämtlichen iOS-Geräten. In der Kategorie »In der Nähe« werden tatsächlich Programme vorgestellt, die in Ihrer Umgebung gerade nützlich sein können. Bei den Empfehlungen werden also Standort-Informationen, wie sie durch GPS, Mobilfunknetz oder WLAN übermittelt werden, mit einbezogen. Wenn Sie beispielsweise als Tourist nach Berlin reisen, bekommen Sie dort Apps vorgeschlagen, die Fahrpläne des öffentlichen Nahverkehrs enthalten.

4.4 Kostenlose und kostenpflichtige Apps

Nach der Auswahl einer Kategorie ist dann noch eine weitere Unterteilung in kostenlose und kostenpflichtige Apps möglich. Wenn Sie dabei zuerst in den Gratis-Applikationen stöbern, machen Sie alles richtig: Für die meisten Anwendungsfälle gibt es nämlich kostenlose Programme; außerdem existiert für die gebührenpflichtigen Apps meist ein kostenloses Pendant, das entweder im Funktionsumfang reduziert wurde oder aber Werbeeinblendungen zeigt. Dadurch ist es aber zumindest erlaubt, die App vor dem Kauf zu testen. Abgesehen vom Stöbern in Kategorien können auch Suchbegriffe eingegeben werden. Möglich ist es dabei, nach dem Namen einer App zu fahnden, sofern dieser bekannt ist. Wollen Sie also beispielsweise den *Dolphin*-Browser herunterladen, weil Ihnen der bereits empfohlen wurde, können Sie diesen Namen einfach in das Suchfenster eingeben. Sind Sie hingegen mit dem Standard-Browser *Safari* unzufrieden, haben aber noch keine bestimmte Alternative im Sinn, können Sie auch einfach nach einem »Browser« suchen. Sie werden danach eine Reihe von Ergebnissen präsentiert bekommen, die wiederum nach Beliebtheit sortiert sind. Soll eine der Apps installiert werden, brauchen Sie sie nur anzutippen.

4.5 Keine Löschung der vorinstallierten Apps

Auch ein späteres Löschen ist einfach: Berühren Sie eine App einfach einen Moment länger, danach öffnet sich ein Kontextmenü, in dem Sie sich für das Entfernen einer App entscheiden können. Handelt es sich um eine kostenpflichtige App, ist der Kauf aber weiterhin vermerkt. Wenn Sie die Applikation also später einmal erneut installieren möchten, haben Sie dazu durchaus die Möglichkeit. Dabei wählen Sie die App im App Store einfach erneut aus. Sie können das Programm dann ohne weitere Einschränkungen wiederholt installieren, ohne erneute Kosten tragen zu müssen.

Eine bereits bezahlte App kann auch auf weiteren Geräten von Apple installiert werden – nicht aber auf anderen Endgeräten mit alternativen Betriebssystemen. Haben Sie also eine App gekauft, die ebenso für Android erhältlich ist, muss sie dort erneut bezahlt werden. Daran dürfte sich auch künftig nichts ändern, weil Google und Apple an den Verkäufen der Applikationen natürlich kräftig mitverdienen – und sich dieses Geschäft kaum entgehen lassen werden. Aus diesem Grund wird auch der Umstieg auch ein alternatives OS immer schwieriger: Je mehr Apps Sie im App Store von Apple gekauft haben, desto höher fallen die Kosten für einen Wechsel aus, bei dem sämtliche Applikationen erneut erstanden werden wollen.

Die Option, Apps zu löschen, steht Ihnen aber nicht für jedes Programm zu. Die von Apple bereits vorinstallierten Apps lassen sich nämlich leider nicht entfernen – was eigentlich schade ist. Denn nicht jeder Nutzer besitzt Wertpapiere, Apples Aktien-App bleibt aber trotzdem gezwungenermaßen installiert.

4.6 Größe der Apps berücksichtigen

Ein weiterer Aspekt, den Sie bei der Auswahl von Apps nicht ganz außen vor lassen sollten, ist die Größe der Anwendungen: Die Dateigröße der Programme ist in der Nähe der Schaltfläche KAUFEN aufgeführt und kann in gewissen Konstellationen durchaus für Schwierigkeiten sorgen. Im Unterschied zu den meisten anderen Tablets und Smartphones lässt sich bei den Apple-Geräten der interne Speicher nicht durch eine Speicherkarte erweitern. Haben Sie also eine Variante mit einem internen Speicher von nur 16 GB gekauft, kann es durchaus schon einmal eng werden. Besonders wenn Sie auf Ihrem Tablet Multimedia-Inhalte wie Filme oder Musik gespeichert haben, kann sich der Speicherplatz für Apps sehr einschränken. Einige Apps, darunter insbesondere Navigations-Software mit umfangreichem Kartenmaterial, können durchaus einige Hundert Megabyte in Anspruch nehmen.

4.7 Rückgabe von Apps

Wenn Sie beim Testen von Apps auch Programme gekauft haben, diese aber nicht Ihren Erwartungen entsprechen, ist unter Umständen auch eine Rückgabe möglich. Dafür rufen Sie die Website *reportaproblem.apple.com* auf und loggen sich mit Ihrer Apple-ID ein. Danach bekommen Sie in chronologischer Reihenfolge alle Apps aufgeführt, die Sie in den letzten 90 Tagen gekauft haben. Jetzt können Sie eine App zurückgeben, indem Sie einen vordefinierten Grund zur Rückgabe auswählen. Außerdem werden Sie aufgefordert, das Problem mit der Applikation zu beschreiben. Ab Dezember 2014 können iOS-Nutzer im Store gekaufte Apps innerhalb der ersten 14 Tage ohne Begründung zurückgeben und sich das Geld erstatten lassen. Apple erweitert dafür seine Web-App *Report a problem* bei kostenpflichtigen Apps um den Punkt ICH MÖCHTE DIESEN KAUF STORNIEREN.

Schwieriger wird hingegen die Rückgabe sogenannter In-App-Käufe, die in den letzten Jahren immer wieder für negative Schlagzeilen gesorgt haben. Dabei kann die Funktion einer App erweitert werden, indem innerhalb der Anwendung Einkäufe getätigt werden. Klassischerweise handelt es sich dabei um Spiele, bei dem das Weiterkommen ab einem bestimmten Schwierigkeitsgrad nur noch mit dem Kauf bestimmter Items erreicht werden kann. Häufig haben die Nutzer aber Schwierigkeiten, zu erkennen, dass es sich dabei tatsächlich um einen Kauf handelt. Außerdem wird nicht in jedem Fall eine weitere Authentifizierung notwendig. Nicht selten reicht die Passworteingabe vom Kauf der App vollkommen aus, um auch In-App-Käufe zu tätigen.

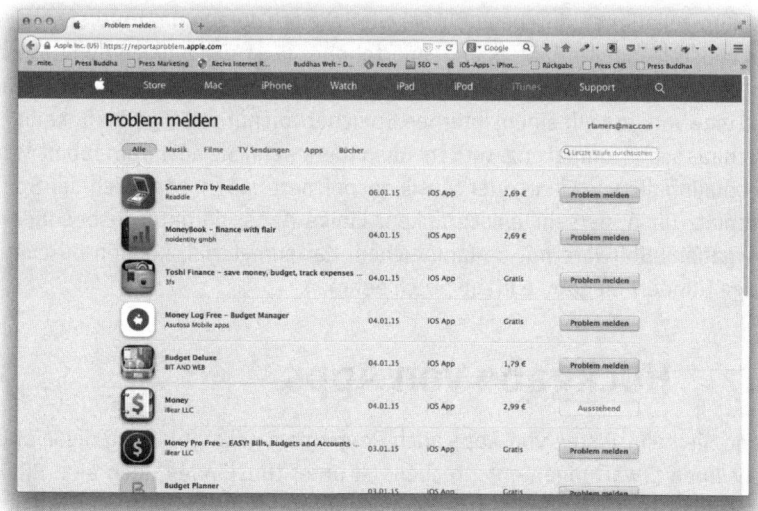

Abbildung 4.2: Wer eine App zurückgeben möchte, wähle die o.g. Internet-Adresse.

4.8 Installation via Rechner

Eine Alternative zum App Store auf dem iPad oder iPhone ist es, sich die Applikationen über den Rechner zu installieren, sofern es sich um einen Mac oder PC mit Windows-Betriebssystem handelt. Dabei wird allerdings die kostenlose Software iTunes benötigt. Damit ist es dann auch möglich, via Datenkabel eine Verbindung zum Apple-Endgerät herzustellen. Der Vorteil liegt prinzipiell darin, dass das Stöbern im App Store auf einem größeren Monitor etwas komfortabler vonstattengehen dürfte. Insbesondere nach dem Kauf des Gerätes müssen in der Regel noch sehr viele Apps heruntergeladen und installiert werden.

5

Im Internet zu Hause

Das Surfen im Internet und das Lesen von Mails ist wohl eine der Kernkompetenzen des iPads. So wundert es auch nicht, dass die Auswahl an Apps hier besonders umfangreich ausfällt. Gerade im Business-Einsatz lohnt es sich, auch alternative Applikationen in Betracht zu ziehen. Diese verfügen teilweise über einen deutlich größeren Funktionsumfang.

5.1 Safari bleibt Standardbrowser

Standardmäßig installiert ist bei dem iPad wie bei allen Apple-Produkten der Browser *Safari*: Das minimalistische Design gefällt vielen Nutzern, außerdem ist der Safari schnell. Doch minimalistisch bedeutet eben auch, dass nur das Aufrufen von Websites und das Speichern von Lesezeichen möglich ist – Add-Ons, die den Funktionsumfang eines Internet-Browsers erweitern, sind für Apples Browser nicht erhältlich. Immerhin: Safari bietet eine Reader-Funktion, die das Lesen von längeren Texten auf unübersichtlichen Websites vereinfachen kann. In vordefinierter Größe werden diese Textabschnitte dann ähnlich wie bei einer Zeitung als reiner Fließtext angezeigt. Auch ein Twitter-Reader ist integriert. Diesen finden Sie unter der Schaltfläche GESENDETE LINKS unter dem @-Zeichen.

Abbildung 5.1: Beim Surfen die Twitter-Timeline sichten: Das geht mit dem
vorinstallierten Browser Safari.

Browser-Einschränkungen durch Apple

Ärgerlich ist die Tatsache, dass sich die Schriftgröße seit iOS 7 nicht mehr indi-
viduell anpassen lässt. Natürlich haben Sie aber die Möglichkeit, auf einen der
vielen alternativen Browser umzusteigen – zumindest teilweise. Denn beim
iPad ist es nicht zulässig, einen anderen Standard-Browser als Safari zu defi-
nieren. Das bedeutet also, dass dieser sich immer öffnet, wenn Sie beispielsweise einen Link in einer E-Mail auswählen.

Gestensteuerung mit Dolphin

Trotzdem kann sich der Umstieg lohnen: Der Internet-Browser *Dolphin* bietet
gleich eine Reihe von Möglichkeiten, die beim Safari nicht zur Wahl stehen. So
ist beispielsweise eine einfache Gestensteuerung integriert, bei der Sie ein
zuvor definiertes Symbol zeichnen. Mit dieser Methode können beispielsweise die »Suchen«-Funktion aktiviert oder eine bestimmte Website aufgeru-

fen werden. Auch die zahlreichen Add-Ons haben ihre Vorzüge: So lässt sich via Add-On das Surfen beispielsweise beschleunigen, indem mit einem Tastendruck der Arbeitsspeicher von den übrigen im Hintergrund laufenden Apps befreit wird. Vor allem bei den iPads der ersten beiden Generationen sowie der ersten Version des iPad Mini kann das spürbare Geschwindigkeitsschübe bringen, die sich insbesondere bei vielen gleichzeitig geöffneten Tabs bemerkbar machen.

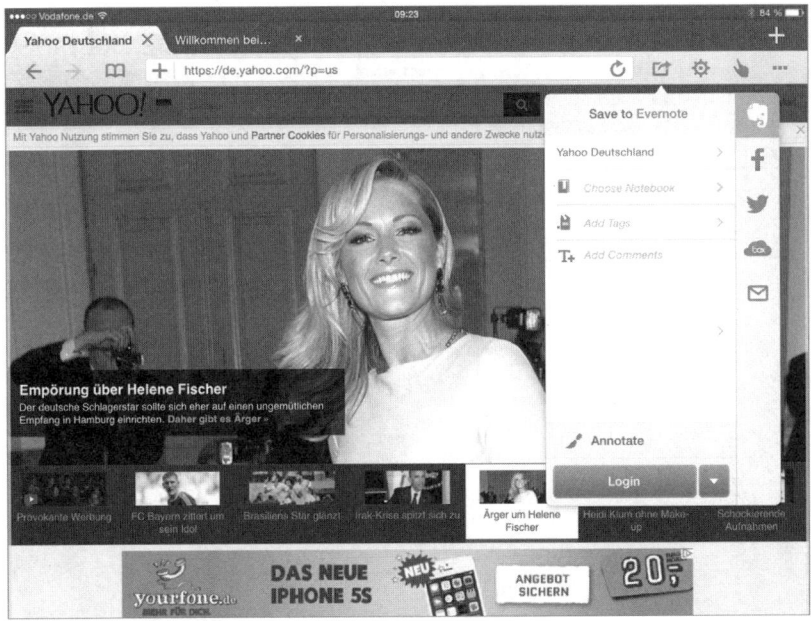

Abbildung 5.2: Dolphin verfügt über Schnittstellen zu Evernote, Facebook, Twitter und Dropbox

Synchronisation über die Cloud

Weitere nützliche Anwendungen könnten ein in die Website integrierter Übersetzer sein oder ein Add-On für die Einbindung des Cloud-Dienstes Dropbox. Außerdem ist dank »Dolphin-Connect« eine Synchronisation zwischen verschiedenen Geräten möglich. Dafür brauchen Sie sich nicht zwingend bei Dolphin zu registrieren, ein Log-in mit Google- oder Facebook-Account ist ebenso möglich. Je nach Nutzung kann der integrierte Download-Manager seine Vorzüge ausspielen: Inhalte werden direkt in den Dolphin-Browser her-untergeladen und können dann ohne Umwege in andere Apps exportiert wer-den. Ein Alleinstellungsmerkmal ist die gelungene Integration von *Evernote*: Wenn Sie bereits Ihre Notizen in *Evernote* speichern, erleichtert Ihnen Dolphin die Arbeit. Mit einigen Gesten können Sie beispielsweise Links aufgerufener Websites direkt in Evernote übernehmen. Eine Recherche kann also auf dem iPad begonnen und auf dem Laptop oder Desktop-Rechner beendet werden.

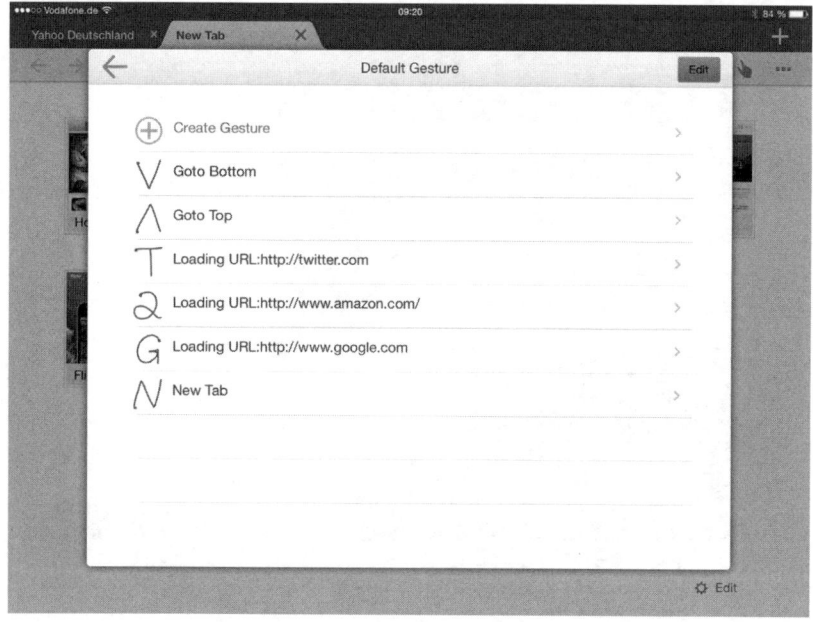

Abbildung 5.3: Der beliebte Alternativ-Browser Dolphin erlaubt eine Gestensteuerung. Einige Gesten sind bereits eingebaut.

Abbildung 5.4: Dolphin, kostenlos

5.2 iCab hinterlässt keine Surfspuren

Einen großen Funktionsumfang bietet auch *iCab*: Die Unterstützung von Proxy-Servern ist beispielsweise dann ein immenser Vorteil, wenn Sie das WLAN von Unternehmensnetzwerken nutzen. Diese Funktion wurde bei iCab insofern erweitert, dass nun auch ein anonymes Surfen über einen Proxy möglich ist. Die Umleitung über den fremden Server macht es unmöglich, den tatsächlichen Standort zu übermitteln. Neben umfangreichen Funktionen, die die Privatsphäre des Nutzers schützen sollen, ist vor allem die Einbindung der iCloud gelungen. Im Unterschied zu den meisten Browser-Alternativen ist *iCab* schon lange im App Store erhältlich und basiert auch technisch auf Safari. Wenn Ihnen der native Browser also grundsätzlich gefällt und Sie lediglich einige Funktionen vermissen, liefert *iCab* eine mehr als brauchbare Alternative.

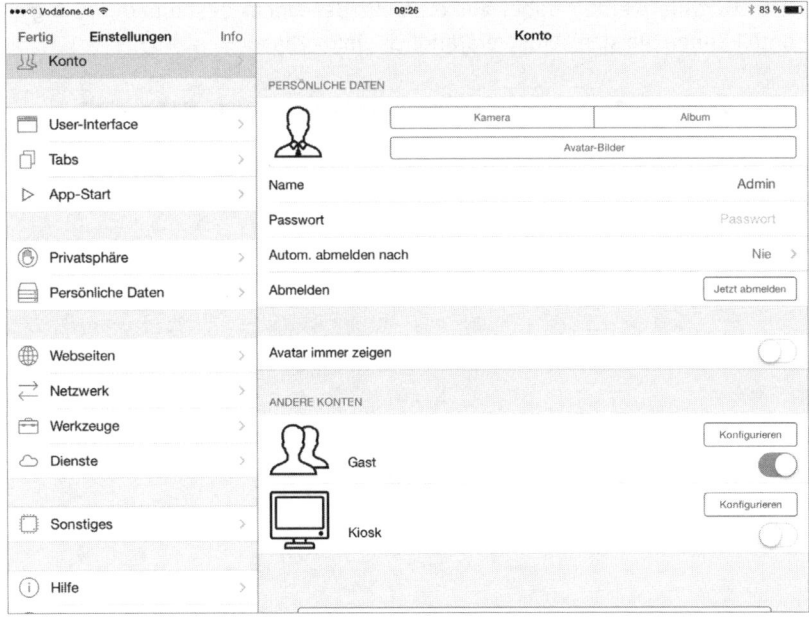

Abbildung 5.5: Bedeutend mehr Funktionen als der native Browser Safari bietet die App iCab. Dafür kostet sie auch 1,99 €.

Abbildung 5.6: iCab 1,99 €

5.3 Googles Antwort lautet Chrome

Ähnlich schlicht wie Safari kommt Googles Standard-Browser *Chrome* daher. Dafür lädt er Internetseiten besonders schnell und bietet einen Inkognito-Modus. Ist diese Funktion aktiviert, werden die besuchten Seiten nicht im Verlauf gespeichert. Überraschend gut funktioniert die Möglichkeit der Spracheingabe. Das Mikrofon in der Suchleiste startet die Aufnahme, selbst komplizierte Begriffe werden dabei gut erkannt. Bei einem bestehenden Google-Konto können Sie sich selbstverständlich einloggen.

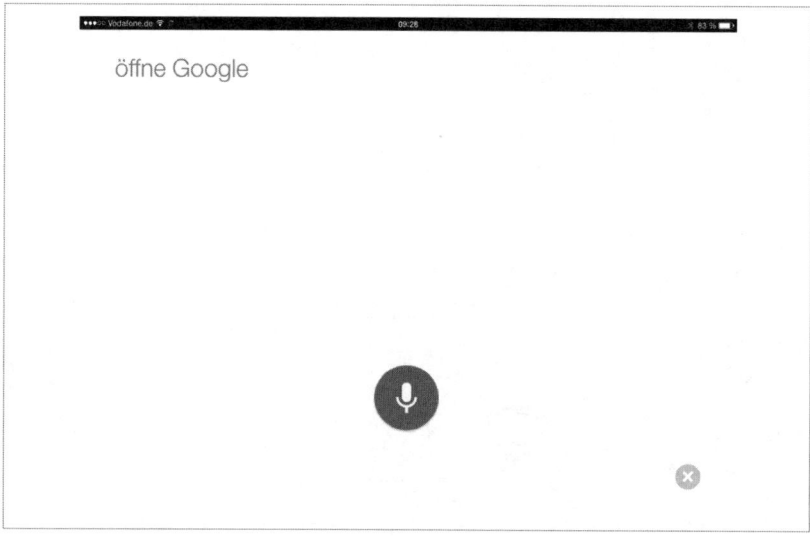

Abbildung 5.7: Google Chrome lässt sich per Stimme bedienen.

Abbildung 5.8: Chrome, kostenlos

Sofern Sie Google Chrome auch auf dem Desktop nutzen, können Sie sich kürzlich geöffnete Links der Desktop-Variante anzeigen lassen; eine Synchronisation der Lesezeichen ist ebenfalls möglich. Im Umkehrschluss bedeutet das aber auch, dass Chrome ohne ein aktiv genutztes Google-Konto stark an Attraktivität verliert.

5.4   Opera reduziert den Datentraffic

Sollte kein Google-Konto vorhanden sein, ist vielleicht auch *Opera Mini* eine gute Wahl. Denn der Browser hat mindestens zwei Vorteile, die die Konkurrenz in der Regel nicht bietet: Zum einen kann mit wenigen Gesten in den »Offroad«-Modus geschaltet werden. In diesem Modus werden die Inhalte der Internetseiten zunächst an einen Server von Opera weitergeleitet, der dann vor allem die Bilder stark komprimiert. Je nach Website können so rund 70 Prozent des Datentraffics eingespart werden – eine entsprechende Anzeige informiert über die Menge des vermiedenen Datenverkehrs. Bei einer mobilen Nutzung oder einer langsamen Internetverbindung kann diese Option einen unschätzbaren Vorzug darstellen. Außerdem beherrscht der Opera-Browser einen Zeilenumbruch: Beim Heranzoomen längerer Fließtexte wird der Text also automatisch so umbrochen, dass er das Display perfekt füllt. Vor allem auf dem iPhone ist das eine erhebliche Erleichterung bei nicht optimal auf den kleinen Screen optimierten Websites, aber auch das iPad Mini profitiert davon. Eine Synchronisation mit anderen Geräten ist ebenfalls möglich, dafür muss aber extra ein eigenes Benutzerkonto bei Opera angelegt werden.

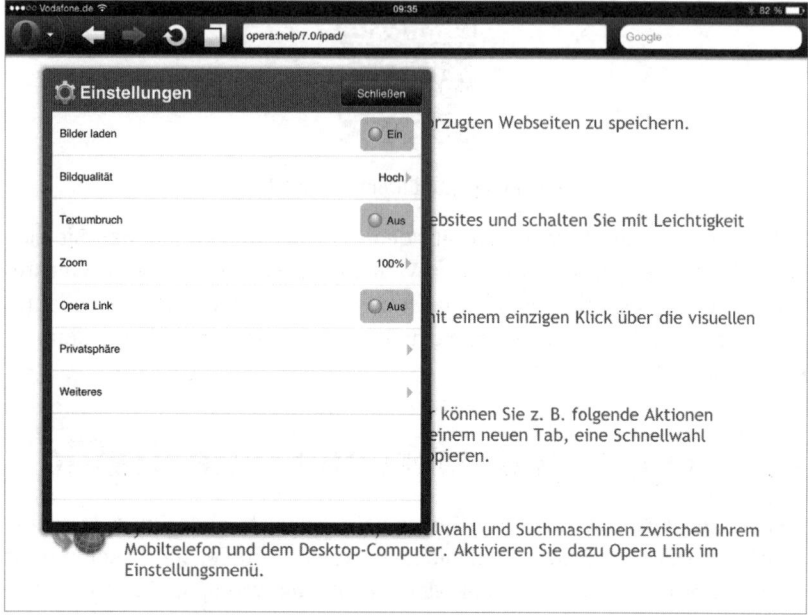

Abbildung 5.9: Der Browser Opera hilft sparen: Eine reduzierte Bildqualität senkt den Datenverkehr.

Abbildung 5.10: Opera, kostenlos

5.5 Puffin: Steuerung per Trackpad

Eine interessante Option bietet auch der schnelle Internet-Browser *Puffin*: Auf Wunsch lässt sich hier ein Trackpad einblenden, das die Steuerung eines virtuellen Mauszeigers ermöglicht. Über den Nutzen mag man bei einem Gerät, das sich gerade durch eine Touchbedienung auszeichnet, streiten. Wer aber öfter einmal Schwierigkeiten hat, beispielsweise einen kleinen Link auszuwählen, hat hier vielleicht eine Alternative gefunden. Außerdem ermöglicht *Puffin*, was auf Apple-Geräten normalerweise Probleme bereitet: Zumindest in der kostenpflichtigen Vollversion können auch Flash-Inhalte wiedergegeben werden.

Abbildung 5.11: Unter »Einstellungen« findet sich beim Browser Puffin eine Touchpad-Steuerung.

Abbildung 5.12: Puffin, kostenlos, Premium 3,99 €

5.6 Noch ein Klassiker: Apollo

Bereits lange im App-Store vorhanden ist der Browser *Apollo*. Die Entwickler haben diesen Zeitraum ganz offensichtlich gut genutzt, denn alle Funktionen sind durchdacht umgesetzt. So steht eine Google- und Firefox-Synchronisation zur Verfügung, die allerdings eines entsprechenden Add-Ons bei der Desktop-Variante bedarf. Außerdem wird wie beim Opera Mini eine Kompression der Seiten-Inhalte ermöglicht, die Datentraffic spart und die Ladezeiten verringert. Die besonderen Vorteile bestehen aber in der hohen Geschwindigkeit, der intuitiven Bedienung sowie der übersichtlichen Menüführung.

Abbildung 5.13: Apollo, kostenlos

6

E-Mails auf dem iPad

Auch bei E-Mail-Clients gibt es eine große Auswahl, die sich alternativ zur vorinstallierten Anwendung *Mail* installieren und nutzen lassen – aber keinesfalls müssen.

6.1 Mail: Dürfte meistens reichen

Mail überzeugt vor allem durch die Apple-typisch übersichtliche Struktur sowie eine einfache Einrichtung. Für die meisten gängigen E-Mail-Provider sind die Posteingangs- und -ausgangsserver bereits eingespeichert, was prinzipiell nur eine Eingabe der Zugangsdaten erforderlich macht. Außerdem verfügt *Mail* optional über eine mittlerweile etwas veraltete POP-Abfrage, bei der die E-Mails komplett auf das Gerät geladen und vom E-Mail-Server gelöscht werden. In der Regel ist es heute üblich, die Nachrichten auf dem Server zu belassen, wodurch ein Zugriff durch verschiedene Endgeräte ermöglicht wird. Besonders bei kleinen Postfächern kann es aber durchaus ein Vorteil sein, den E-Mail-Verkehr auf dem iPad zu speichern.

Mails verwalten

Sämtliche E-Mails befinden sich im Posteingangsfach »Alle«. Wem das zu viel ist, der wähle ein bestimmtes Postfach. Ein besonders Postfach ist jenes, das als »VIP« bezeichnet wird. Wenn Sie zuvor bestimmte Absender als »VIP«

gekennzeichnet haben, landen deren Nachrichten genau dort. Es besteht ebenfalls die Möglichkeit, bestimmte E-Mails zu markieren. Diese werden dann dem Postfach »Markiert« zugewiesen.

Anhänge speichern

E-Mail-Anhänge lassen sich ganz einfach auf dem Tablet speichern oder in der passenden App öffnen. Dazu halten Sie den Anhang kurz fest und wählen dann die sich öffnende Option. Bei Fotos ist das beispielsweise BILD SICHERN. Es wird dann im Foto-Ordner gespeichert. Ein PDF oder ein anderes Dokument verhält sich genauso. Allerdings hängt es von den installierten Apps ab, in welchem Programm und damit in welchem Format der Anhang gespeichert wird.

»Von meinem iPad gesendet« – Signatur ändern

Die wenigsten mögen die Signatur »Von meinem iPad gesendet«. Daher sollten Sie diese Angabe schleunigst ändern.

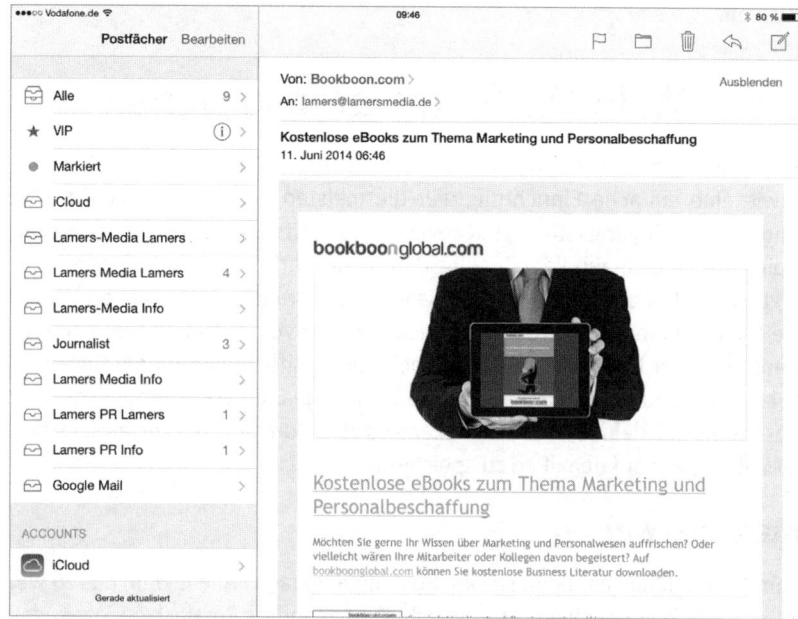

Abbildung 6.1: Die native App Mail ist an Leistungsumfang kaum zu übertreffen.

Die Signatur ändern Sie allerdings nicht im *Mail*-Programm, sondern in den Einstellungen. Dort finden Sie unter MAIL, KONTAKTE, KALENDER den Punkt SIGNATUR. Sie können pro Account eine eigene Signatur erstellen.

6.2 Altamail: Druckaufträge per WLAN erteilen

Sollten Ihnen einige Funktionen bei der insgesamt etwas schlicht gestalteten Applikation *Mail* fehlen, können Sie diese ergänzen – durch *Altamail*. Mit dieser App bekommen Sie einen Client geboten, der im Gegensatz zu *Mail* auch das Markieren und Löschen mehrerer E-Mails ermöglicht. Des Weiteren kümmert sich ein eigener Dateimanager um die Anhänge; bestimmte Klänge können entweder E-Mail-Konten oder Personen zugeordnet werden. Interessant: Auch eine Druckfunktion via WLAN wurde nicht vergessen. Diese Funktionsvielfalt hat allerdings auch ihren Preis: Optisch ist die App kein Leckerbissen, vor allem wirkt sie etwas unübersichtlich.

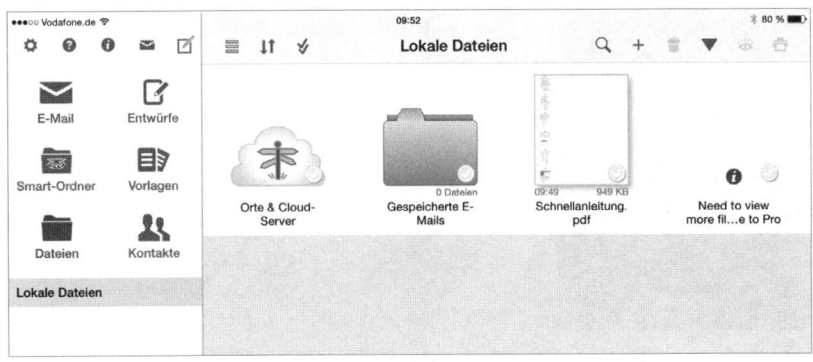

Abbildung 6.2: Altamail hat einen Dateimanager integriert.

Abbildung 6.3: Altamail, kostenlos

6.3 Mailbox: Schlaue E-Mail-Verwaltung

Eine weitere interessante Alternative zu *Mail* könnte eine App sein, die dem Namen nach ähnlich klingt, aber ein vollkommen anderes Konzept verfolgt: Die Anwendung *Mailbox* versucht, die Arbeitswelt etwas zu entschleunigen, indem es die E-Mail-Flut bändigt. Die von einem Start-up entwickelte App macht es dem Nutzer leicht, seinen Posteingang zu leeren. Alle Nachrichten werden durch Wischgesten in die Ordner »Später«, »Erledigt« und »Löschen« verschoben, wodurch im digitalen Briefkasten schnell wieder Ordnung hergestellt werden kann. Dabei stehen dann noch Ordner zur Verfügung, die E-Mails auf die nächste Woche oder den kommenden Monat verlegen. Weil im Berufsalltag E-Mails häufig durchaus mit zu erledigenden Aufgaben gleichgesetzt werden können, ist auf einfachem Wege auch eine Strukturierung des Arbeitstags möglich.

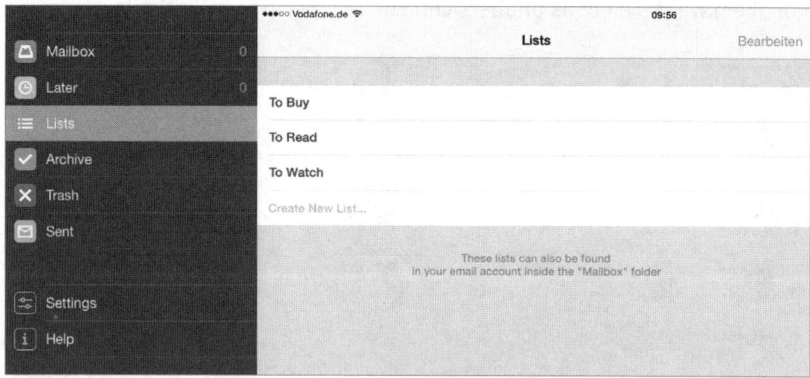

Abbildung 6.4: Mit der App Mailbox können Sie Ihre E-Mail nach Wichtigkeit ordnen. Auch eigene Kategorien sind möglich.

Abbildung 6.5: Mailbox, kostenlos

Bitte jetzt keine E-Mails

Interessant ist auch die »Snooze«-Funktion: Was die meisten User von ihrem Wecker kennen dürften, verschafft auch bei *Mailbox* eine kurze Verschnaufpause. In dem gewählten Zeitraum werden keine E-Mails abgerufen, die möglicherweise wieder neue Arbeit bedeuten könnten. Ebenso ist es möglich, der App die eigenen Arbeitszeiten mitzuteilen, sodass nach Feierabend ganz automatisch keine Nachrichten mehr im Posteingang erscheinen. Einen erheblichen Nachteil hat die App allerdings: Bisher können nur iCloud- und Google-Konten genutzt werden. Wenn Sie Ihren E-Mail-Account also bei einem anderen Provider registriert haben, müssen Sie sich vorerst noch gedulden – die Verwendungen anderer E-Mail-Konten soll bald möglich werden.

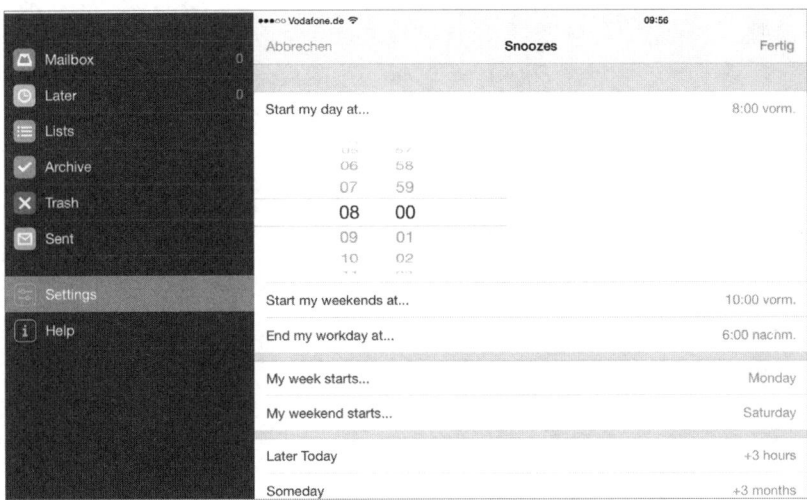

Abbildung 6.6: Wer nicht ständig von eingehenden E-Mails gestört werden will, sollte die Snooze-Funktion nutzen.

6.4 Mit IncrediMail künstlerische E-Mails gestalten

Ein schon auf Desktop-Rechnern und Laptops beliebtes Programm steht ebenfalls für das iPad zur Verfügung und soll hier in keinem Fall unerwähnt bleiben:

IncrediMail hat es sich zur Aufgabe gemacht, E-Mails optisch besonders ansprechend zu gestalten. Die App ist dabei auch auf das große Display des iPads angepasst; anders als viele Produkte der Konkurrenz handelt es sich nicht einfach um eine leicht überarbeite Portierung der iPhone-App. Die Frage, ob es in Ihrem beruflichen Alltag sinnvoll ist, verspielte E-Mails in ausgefallenem Design zu versenden, müssen Sie für sich selbst beantworten. Sofern Sie allerdings im Posteingang des Empfängers hervorstechen wollen, ist *Molto – IncrediMail* wohl alternativlos. Zudem gibt es auch sonst wenig zu kritisieren, die Bedienung geht leicht von der Hand.

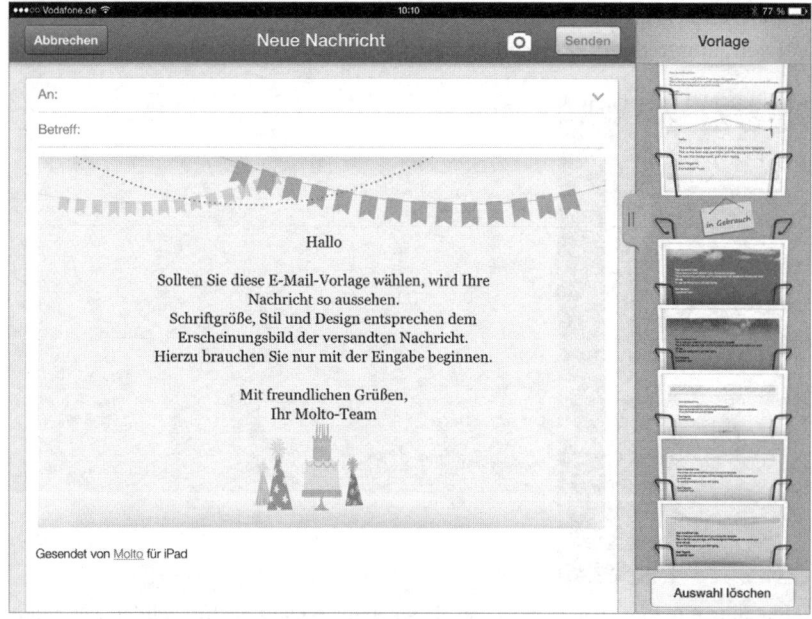

Abbildung 6.7: Die schönsten E-Mails kommen von Molto – IncrediMail.

Abbildung 6.8: IncrediMail, kostenlos

6.5 Alternativen der Provider

Daneben existieren natürlich unzählige Anwendungen von kostenlosen E-Mail-Anbietern wie Web.de oder GMX. Dabei sollten Sie wissen, dass nur eine Synchronisation des Postfachs vom Anbieter selbst möglich ist. Obwohl sich die Bedienung bei den beiden bereits genannten Applikationen durchaus sehen lassen kann, ist der Mehrwert im Vergleich zu Apples nativer App *Mail* eher gering. Immerhin: Web.de ermöglicht über den eigenen Client einen Zugriff zur eigenen Cloud. Außerdem besteht eine Verknüpfung zur Kamera. Damit können Sie Fotos direkt für eine E-Mail aufnehmen und ersparen sich den Umweg, die Bilder im Nachhinein noch anhängen zu müssen.

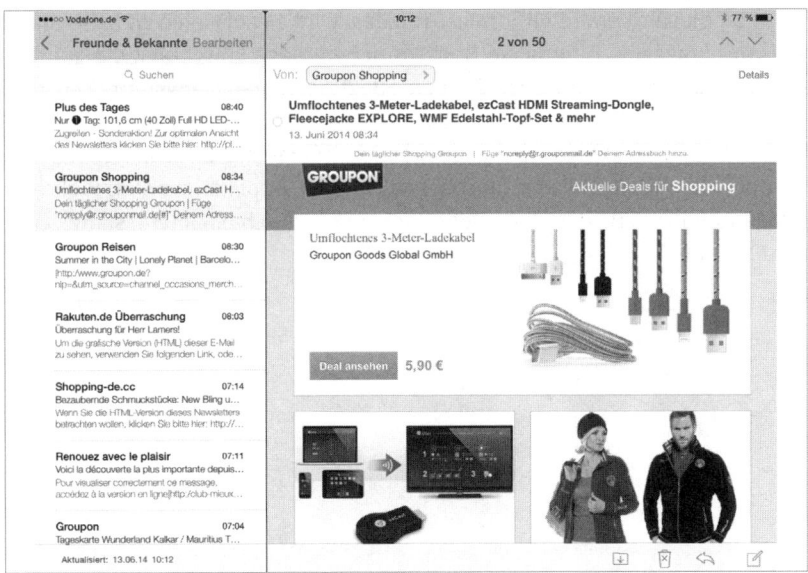

Abbildung 6.9: Wer nur über einen E-Mail-Account bei einem bestimmten Provider verfügt, kann auch dessen E-Mail-Clients nutzen.

Abbildung 6.10: GMX Mail, kostenlos

6.6 Fazit: Reichlich Auswahl für Internet und E-Mail-Verkehr

Apple bietet sowohl beim eigenen Browser Safari als auch beim E-Mail-Client durchaus brauchbare Lösungen an. Gründe für die Nutzung von Alternativen gibt es trotzdem: Denn wie immer steht bei den Kaliforniern ein gewisser Minimalismus im Vordergrund, der nicht nur Vorzüge haben muss. Eine einfache Bedienung geht auch immer einher mit einem geringen Funktionsumfang. Besonders groß ist die Einschränkung bei Safari: Seit jeher werden von Apple keine Flash-Animationen unterstützt, was beim Websurfen für deutliche Einschränkungen sorgt. Zwar leidet die Gesamtperformance des Systems in der Tat unter diesem veralteten Format, trotzdem wird es auf vielen Websites nach wie vor eingesetzt. Alternative Browser heben diese Einschränkung auf und bietet häufig noch Add-Ons, die den Funktionsumfang erweitern und beispielsweise Schnittstellen zu Notiz-Apps oder Cloud-Diensten bereitstellen. Die App *Mail* ist im Vergleich überzeugender; trotzdem kann es nicht schaden, sich auf dem Markt einmal umzusehen. Andere Applikationen ermöglichen E-Mail-Anhänge aus der Cloud oder überzeugen durch ein interessantes Ordner-Konzept.

7

Ideen und Projektplanung

Die besten Ideen kommen Ihnen sicher nicht immer dann, wenn Sie gerade vor dem Schreibtisch sitzen und Lösungen benötigen; auch unterwegs können ganz profane Anlässe einen kreativen Schub auslösen – der natürlich gleich festgehalten werden sollte. Dafür muss es heute kein Notizblock mehr sein, das iPad vereinfacht diesen Vorgang erheblich und bietet gleichzeitig die Vorteile der Digitalisierung.

7.1 Mindmaps mit dem iPad aufzeichnen

Um spontane Gedanken auch visuell zu gliedern, hat sich die Mindmap bewährt – daran ändert sich prinzipiell auch nichts, wenn Sie Ihre Ideen mit dem Tablet aufzeichnen wollen. Gerade bei solchen Aufgaben ist eine gelungene App wichtig: Lässt sich die Software nicht intuitiv bedienen, wird eine technische Barriere aufgebaut, die den Gedankenfluss durchaus hindern kann – wenn Sie sich ständig über die Bedienung der App Gedanken machen müssen, bleiben natürlich geringere Kapazitäten für das eigentliche Thema. Haben Sie aber die passende App gefunden, können Sie die Vorteile der digitalen

Daten für sich nutzen: Nachträgliche Änderungen sind noch möglich, Sie brauchen an keinen Zettel zu denken, wenn Sie unterwegs weiterarbeiten möchten, und die Anbindung an Projektmanagement-Software ist ebenso möglich. Und wenn Sie die Mindmap später einmal präsentieren möchten, können Sie ebenso wenig auf einen Zettel zurückgreifen.

Freemind/Freeplane: Weniger ist mehr

Die kostenlose App *Freemind* ist sehr einfach zu bedienen und eignet sich somit bestens, wenn Sie schnell einmal unterwegs Ihre Gedanken erfassen möchten. Diese Vorzüge werden allerdings erkauft durch eine sehr puristische Gestaltung – sollen Ihre Maps also später noch präsentiert werden, greifen Sie besser zu einer anderen App – beispielsweise *Freeplane*: Dass die Anwendung von einem ehemaligen Freemind-Mitarbeiter gestaltet wurde, ist aufgrund der ähnlichen Bedienung erkennbar. Dabei wurden die Vorlagen aber etwas aufgehübscht, sodass *Freeplane* dem recht bekannten Original durchaus vorgezogen werden sollte. Ansonsten können Sie natürlich einfach selbst testen, auch *Freeplane* ist kostenfrei.

Abbildung 7.1: Freemind, kostenlos

MindNode: Besonders schön

Die App *MindNode* ist im Gegensatz zu den meisten anderen hier vorgestellten Anwendungen nur für iOS erhältlich – und zeigt, dass gerade dieser Umstand nicht unbedingt einen Nachteil darstellen muss. Denn unverkennbar für Apples mobiles Betriebssystem designt, überzeugt es durch eine besonders einfache und intuitive Bedienung. Das Motto »Think content, not layout«, das durch die Entwickler beworben wird, bringt den Vorteil von *MindNode* gut auf den Punkt: Tatsächlich brauchen Sie sich nur um Ihre Eingaben zu kümmern, je nach Menge des Textes arrangiert die App alles in perfekter Übersicht auf dem Bildschirm.

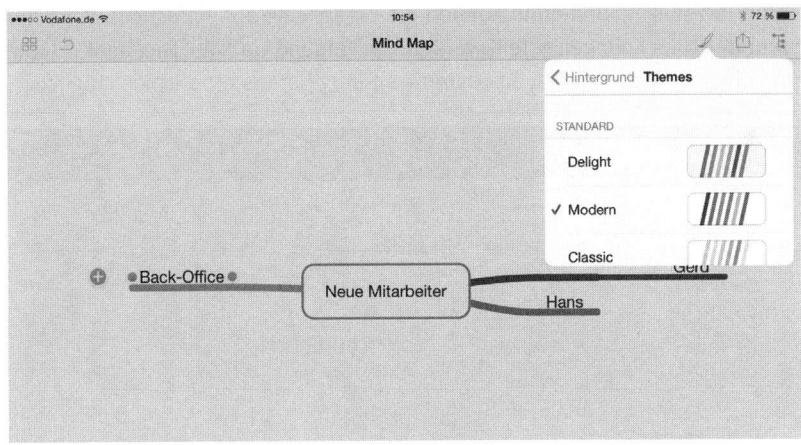

Abbildung 7.2: Die wohl beste Mindmapping-App dürfte MindNode sein.

Abbildung 7.3: MindNode, 9,99 €

7.2 Brainstorming in wenigen Minuten

Wenn Sie dagegen weniger Wert darauf legen, Ihre Ideen zu strukturieren, könnte auch *iBrainstorm* eine interessante Alternative sein. Der Name der Anwendung ist Programm: Sie wählen dabei zunächst ein Thema aus, für das Sie mithilfe eines Brainstormings Ideen finden möchten. Außerdem können Sie sich bereits im Vorfeld ein gewisses Zeitfenster einräumen – ideal also, wenn einmal zehn Minuten Wartezeit produktiv genutzt werden sollen. Nachdem die Zeit abgelaufen ist, können Sie Ihre Ideen noch einmal bewerten und somit die besten Vorschläge entsprechend kategorisieren. Viel mehr allerdings ist nicht möglich; eine Mindmap können Sie mit *iBrainstorm* leider nicht anfertigen. Der Mehrwert hält sich gegenüber einer klassisches Notiz-App somit in Grenzen. Immerhin können die Ergebnisse auf einfachem Wege mit Freunden oder Kollegen geteilt werden: Ein Versand via SMS, Facebook, E-Mail und diverse Messenger ist aus der Anwendung heraus problemlos möglich.

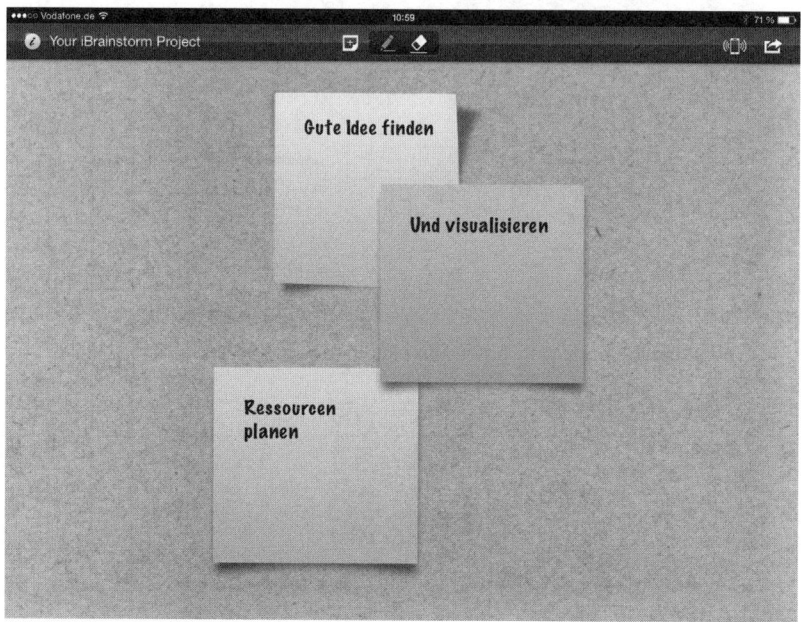

Abbildung 7.4: iBrainstorm soll helfen, die richtige Idee zu finden.

Abbildung 7.5: iBrainstorm, kostenlos

7.3 Aufgaben managen mit dem iPad

Eine unzählige Auswahl gibt es auch bei Apps, die beim Projektmanagement unterstützend eingesetzt werden können. Das beginnt bei einer einfachen Listenübersicht und endet bei komplexen Planungsprozessen.

Klassiker mit System: Remember The Milk

Remember The Milk (RTM) ermöglicht die Erstellung von Aufgabenlisten. Abgesehen von der einfachen Bedienung punktet die App mit der Möglichkeit, die jeweilige Aufgabe mit »Tags«, also passenden Schlagworten zu verknüpfen. Bei umfangreichen Projekten sorgt das für eine gewisse Ordnung. Außerdem können Sie eintragen, wie viel Zeit Sie mutmaßlich zur Erledigung veranschlagen. Bei umfangreichen Projekten ist es somit möglich, den Gesamtaufwand entsprechend abzuschätzen. In der Praxis dürfte auch die Plattformunabhängigkeit nützlich sein: Während Sie unterwegs oder abends auf der Couch Ihr iPad nutzen, können Sie *Remember The Milk* im Büro als praktische Webanwendung nutzen. Wohl eher eine Spielerei ist die Möglichkeit, die Aufgaben via Google Maps auch mit den entsprechenden Orten zu verknüpfen.

Abbildung 7.6: Remember The Milk hilft nicht nur, an die Milch zu denken.

Abbildung 7.7: Remember The Milk, kostenlos

Schön und praktisch: Wunderlist

Bei einer sauberen Projektorganisation hilfreich ist sicherlich auch *Wunderlist*: Die klassische To-do-Anwendung ist übersichtlich aufgebaut und bietet die Möglichkeit, umfangreichere Themen in Teilaufgaben zu untergliedern. Besonders interessant: An diese Aufgaben lassen sich auch Fotos anhängen, die allerdings in der kostenlosen Variante der Menge nach beschränkt sind. Der Kauf der gebührenpflichtigen Pro-Variante könnte sich auch aus einem anderen Grund lohnen: Sofern ein Projekt in einem Team bearbeitet wird, ist hier eine Bearbeitung der Aufgaben durch mehrere Beteiligte möglich. Technisch wird das mit einer Cloud-Lösung umgesetzt, die bei der Nutzung noch einen weiteren Vorteil besitzt: Sollten Sie Ihr iPad einmal nicht zur Hand haben, können Sie die Inhalte einfach über einen Webbrowser abrufen.

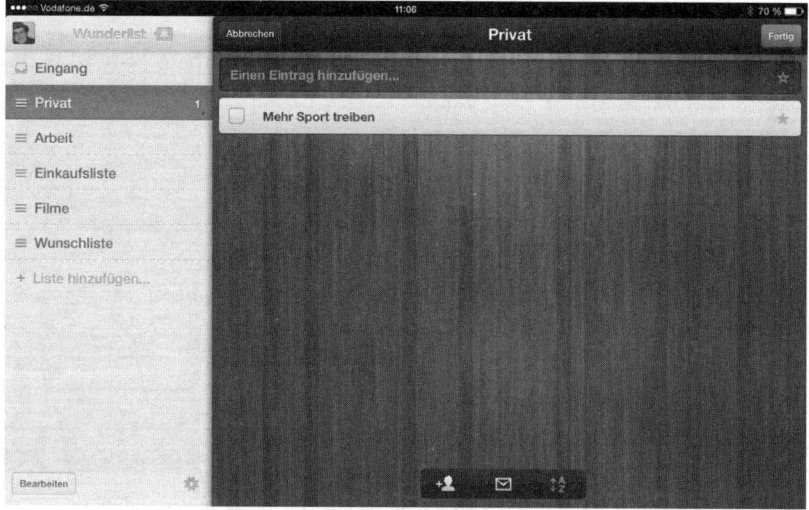

Abbildung 7.8: Sehr übersichtlich präsentiert sich die App Wunderlist.

Abbildung 7.9: Wunderlist, kostenlos

Things: Sprachmemos aufnehmen

Mit einem gewissen Minimalismus punktet die App *Things*: Per Siri oder virtueller Tastatur können Einträge aufgenommen werden, die Sie dann entweder einem Tag oder einem Projekt zuordnen. Sobald eine Aufgabe erledigt wurde, verschwindet sie im Logbuch. Obwohl die App zunächst keinen besonders leistungsfähigen Eindruck macht, erschließen sich doch viele Möglichkeiten der Konfiguration: So können nach eigenem Ermessen Prioritäten oder Tags vergeben werden. Außerdem ist später eine sehr feine Filterung möglich: Sie können beispielsweise speziell nach unerledigten Aufgaben suchen, die eine halbe Stunde dauern, wenn der gerade noch verfügbare Zeitrahmen keine längere Bearbeitungszeit zulässt. Außerdem ist es beispielsweise möglich, sich nur To-dos anzeigen zu lassen, die zu Hause erledigt werden müssen – wer viel zu tun hat und dies alles in der App festhält, kann sich somit leichter wieder eine Übersicht verschaffen.

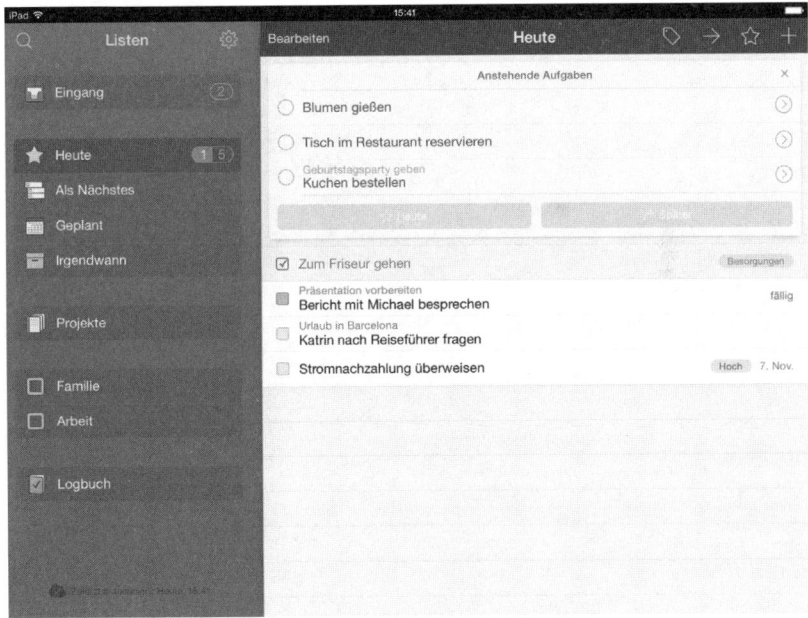

Abbildung 7.10: Things gilt als eine der besten Aufgabenmanagement-Apps. Mit 19,99 € gehört sie auch zu den teuersten.

Abbildung 7.11: Things, 19,99 €

8

Sich Notizen machen

8.1 Notiz-App Evernote

Unter den Notiz-Apps ist *Evernote* der Klassiker: Zu den besonderen Vorteilen gehören zum einen die tiefe Integration in iOS als auch die Tatsache, dass *Evernote* auf vielen unterschiedlichen Plattformen angeboten wird. Auch wenn Sie beispielsweise auf Ihrem Rechner Windows oder Linux nutzen sollten, findet sich in jedem Fall ein passender Evernote-Client, der Ihre Notizen synchronisiert.

Evernote gehörte auch zu den ersten Anwendungen in diesem Segment, die eine eigene Cloud nutzen und eine Synchronisation der Notizen auf verschiedenen Endgeräten überhaupt erst möglich machte. Das ist heute allerdings kein Alleinstellungsmerkmal mehr; zudem hadern einige Nutzer mit der Optik. Während viele User die umfangreichen visuellen Effekte auf dem iPad begrüßen, ist die App anderen Anwendern zu unübersichtlich. Immerhin: Mit *Evernote* können Sie auch Sprachnotizen aufnehmen und speichern.

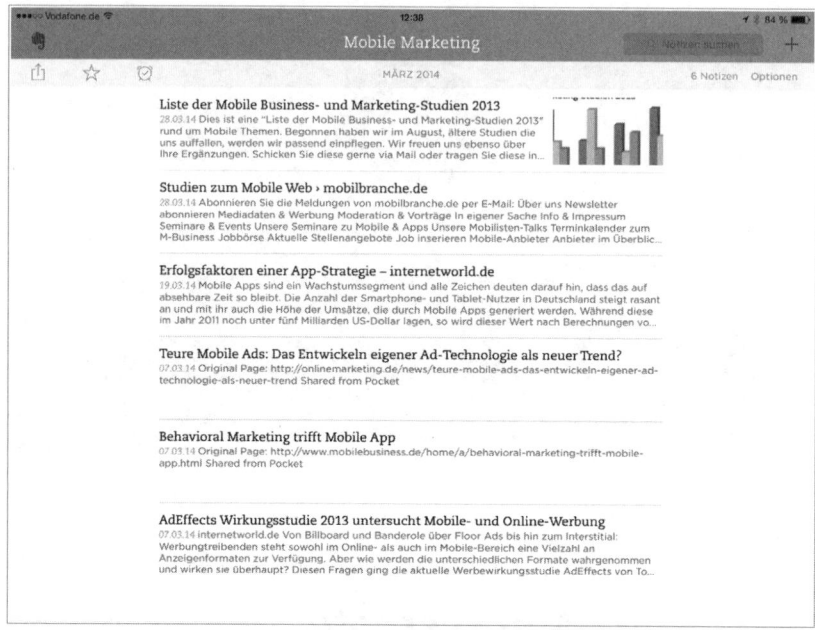

Abbildung 8.1: Evernote dürfte wohl das bekannteste Notizbuch auf dem iPad sein. Auch Websites lassen sich darin komfortabel abspeichern.

Abbildung 8.2: Evernote, kostenlos in den Grundfunktionen

8.2 Es geht auch einfacher: Simplenote

Wenn Sie *Evernote* einmal ausprobiert haben und sich gerade an der etwas überladenen Darstellung stören, sollten Sie sich vielleicht *Simplenote* ansehen. Hier ist der Name Programm; abgesehen von der Erstellung der Textnotizen auf weißem Grund bietet die Anwendung kaum Extras. Immerhin lässt sich nach Notizen suchen, was durchaus praktisch sein kann. Sie bekommen anders als bei vielen vergleichbaren Anwendungen nur eine Liste mit den Titeln der Notizen angezeigt. Wenn Sie ein Schlagwort eingeben, wird aber nicht nur im Titel, sondern auch im dann noch nicht sichtbaren Text gesucht. Außerdem besteht die Möglichkeit der Online-Synchronisation. Sollen andere Menschen Kenntnis von den Notizen nehmen, können Sie die Einträge per E-Mail versenden.

Abbildung 8.3: Wem Evernote zu umfangreich erscheint, ist mit Simplenote besser bedient.

Abbildung 8.4: Simplenote, kostenlos, erweiterbar

8.3 Einbindung von Webinhalten möglich

Die Strukturierung ist der besondere Vorzug von *ThinkBook*: Hier lassen sich die gemachten Notizen besonders übersichtlich gliedern. Außerdem lassen sich leicht Vorlagen kreieren, die Ihnen die Arbeit später erleichtern. So können Sie beispielsweise eine Protokollvorlage für ein Meeting erstellen, die bereits die verabredeten Gliederungspunkte enthält. Zu diesen Gliederungspunkten lassen sich dann entsprechende Notizen hinzufügen und aus den Inhalten To-do-Listen erstellen.

Underscore Notify ermöglicht hingegen nicht nur ein Erstellen von Notizen, sondern auch das Festhalten von Skizzen. Eine Besonderheit der App ist die Option, sogar Webinhalte oder Kartenausschnitte einzubinden. Nicht besonders wählerisch ist die App auch, wenn es um den Import fremder Dateiformate geht: Selbst Word-, Excel- und PowerPoint-Dokumente können problemlos verwendet werden. Komplettiert wird das Angebot durch die Möglichkeit, die gemachten Einträge via Dropbox oder Box.net zu sichern. Kritik gibt es allerdings für die Bedienung, die eine gewisse Einarbeitungszeit voraussetzt und selbst dann nicht immer leicht von der Hand geht.

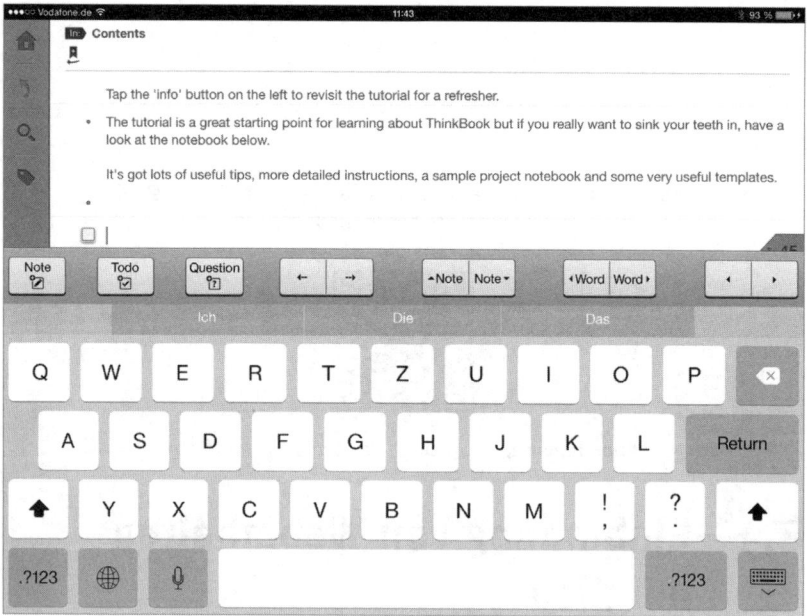

Abbildung 8.5: ThinkBook ist mehr als ein Notizbuch.

Abbildung 8.6: ThinkBook, 3,99 €

Abbildung 8.7: Mit Underscore Notify können auch Skizzen angelegt werden.

Abbildung 8.8: Underscore Notify, 1,99 €, Zukäufe möglich

8.4 Notizen handschriftlich festhalten

Doch vielleicht wollen Sie Ihre Memos nicht per Tastatur aufzeichnen? Mit *INKredible* können Sie Ihre Notizen handschriftlich aufzeichnen. Voraussetzung hierfür ist allerdings ein als Touchpen oder Stylus bezeichneter Eingabestift, damit handschriftliche Notizen auch erkannt werden. Die App wirbt selbst damit, dass die Nutzer nicht viel Zeit mit der Menüführung verbringen sollen und meistens ein leeres Blatt vor sich haben. So wird auch lediglich die Möglichkeit geboten, die Notizen im PDF- oder PNG-Format zu exportieren. Ein Cloud-Dienst steht leider nicht zur Verfügung. Interessant ist aber die Erkennung des Handballens, die sehr gut funktioniert, dadurch werden nicht fälschlicherweise Eingaben erkannt. Ein Grundproblem der Touchscreen-Technik wird allerdings nicht gelöst: Ein Stylus muss zum Schreiben auf dem iPad über eine sehr dicke Spitze verfügen, die eher dem Radiergummi eines Bleistifts ähnelt. Das Schreibgefühl damit ist mindestens gewöhnungsbedürftig, einige Nutzer werden es der Texteingabe über die virtuelle Tastatur aber mit Sicherheit vorziehen.

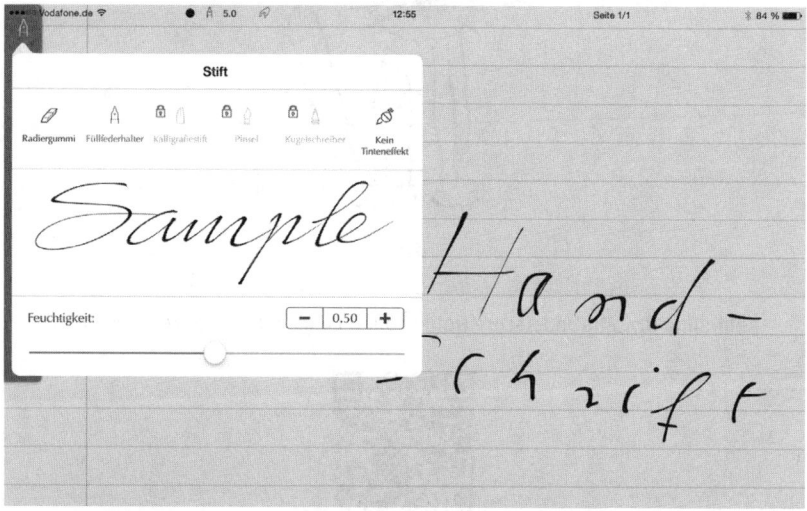

Abbildung 8.9: Mit INKredible sind auch handschriftliche Notizen möglich.

Abbildung 8.10: INKredible, kostenlos, Zukäufe möglich

8.5 PDF-Dokumente mit Stylus handschriftlich bearbeiten

Eine Eingabe via Stylus oder Finger lässt auch die App *Notability* zu. Besonders interessant ist hier neben der reinen Möglichkeit, Notizen anzufertigen, vor allem auch die Option, PDF-Dateien zu bearbeiten. Wenn Sie also einmal eine bereits fertige Unterlage in dem gängigen Dokumentenformat um handschriftliche Notizen ergänzen möchten, ist das mit *Notability* möglich. Genauso können mit dieser App Sprachmemos oder gar mit dem iPad geschossene Bilder an die Notizen angehängt werden. Wenn Sie die Audioaufzeichnung einmal schnell überprüfen möchten, können Sie sich den Eintrag auch in einer höheren Geschwindigkeit anhören oder innerhalb des Memos spulen. Damit Ihnen keine Daten mehr verloren gehen, sichern Sie die Einträge auf Wunsch über die iCloud.

Abbildung 8.11: Notability, 2,99 €

8.6 GoodNotes: Per Hand Notizen machen

Durch einen hohen Funktionsumfang überzeugt die App *GoodNotes*: Auch hier können PDF-Dateien nachträglich handschriftlich korrigiert werden. Vor allem aber werden bereits erstellte Notizen sehr übersichtlich dargestellt. Die Notizbücher stehen bereits im Regal. Sofern Sie die handschriftliche Texteingabe in größerem Umfang nutzen möchten, erscheint *GoodNotes* den bereits vorgestellten Alternativen überlegen – wenn auch nur in der kostenpflichtigen Variante, da die Anzahl der Notizbücher in der Gratis-Version auf zwei begrenzt ist. Ideal für die Nutzung auf mehreren Endgeräten: Eine Synchronisation über den Clouddienst von Dropbox ist ebenso möglich.

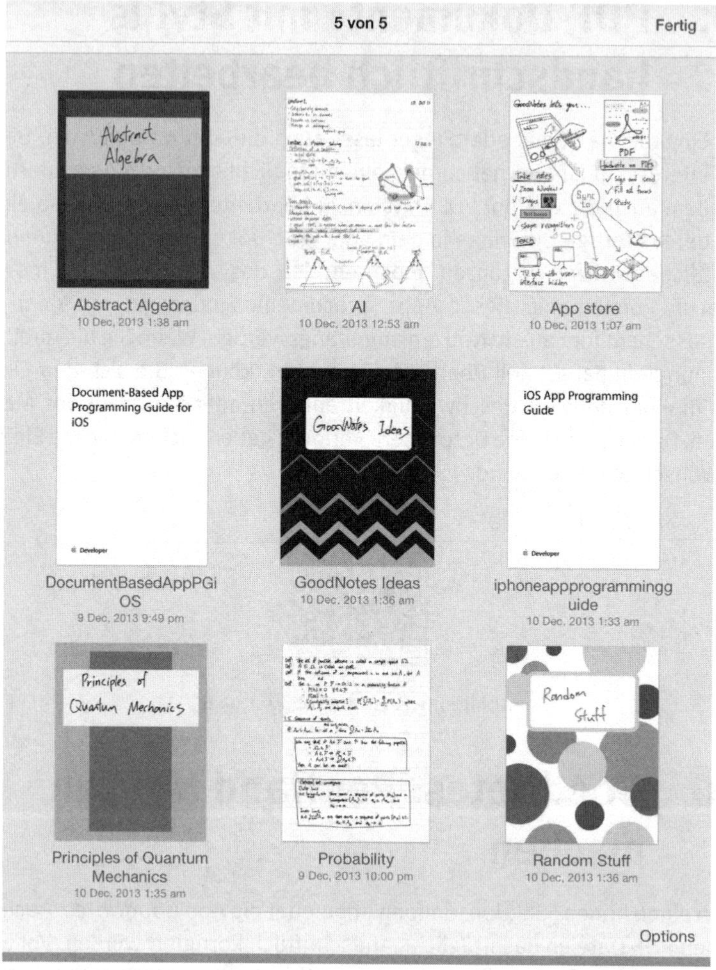

Abstract Algebra	AI	App store
10 Dec, 2013 1:38 am	10 Dec, 2013 12:53 am	10 Dec, 2013 1:07 am
DocumentBasedAppPGi OS	GoodNotes Ideas	iphoneappprogrammingg uide
9 Dec, 2013 9:49 pm	10 Dec, 2013 1:36 am	10 Dec, 2013 1:33 am
Principles of Quantum Mechanics	Probability	Random Stuff
10 Dec, 2013 1:35 am	9 Dec, 2013 10:00 pm	10 Dec, 2013 1:36 am

Options

Abbildung 8.12: GoodNotes verfügt über zahlreiche Vorlagen.

Abbildung 8.13: GoodNotes, 6,99 €

9

Office-Anwendungen

9.1 Office-Pakete

In vielerlei Hinsicht kann das iPad heute auch schon produktiv im Arbeitsalltag eingesetzt werden. Doch nicht die vielen nützlichen Tools entscheiden über den Nutzen, vielmehr ist der Umgang mit Office-Dokumenten wirklich relevant. Denn in fast jedem Büro gehören Word und Excel von Microsoft zu den täglichen Begleitern; eine korrekte Darstellung der Dateiformate ist also eine wichtige Voraussetzung für die Nutzung des iPads als mobile Workstation. Mit den richtigen Apps ist aber auch das kein Problem, wenn auf komplexe Formatierungen verzichtet werden kann.

9.2 iWork: Erste Wahl für Mac-User

Im Falle des iPads müssen gleich zwei grundsätzliche Schwierigkeiten betrachtet werden: Zum einen ist das Tablet tendenziell geeigneter für Aufgaben, die statt aktiver Eingaben eher den Fokus auf das Betrachten von Inhalten legen. Zum anderen gehört Office zur letzten Microsoft-Bastion, nachdem Windows seit einigen Jahren stetig an Marktanteil verliert. Dadurch könnte grundsätzlich mit Inkompatibilitäten zu kämpfen sein, die vor allem Nutzer betreffen, die mit den von Apple angebotenen Software-Lösungen arbeiten wollen.

Das Office-Paket der Kalifornier heißt *iWork* und umfasst die drei Programme *Numbers* (Tabellenkalkulation), *Pages* (Textverarbeitung) und *Keynote* (Präsentationen). Damit wird jeweils ein Pendant zu den gängigsten Office-Anwendungen von Microsoft geschaffen. Dass alle drei Apps einzeln gekauft werden können, ist durchaus als Vorteil anzusehen – nicht jeder nutzt auch alle Anwendungen.

Gegenüber den Desktop-Versionen für den Mac ist der Funktionsumfang natürlich reduziert worden: Besonders bei *Numbers* dürfte es ohnehin kaum möglich sein, komplexe Formatierungen über den kleinen Touchscreen des iPads vorzunehmen. Trotzdem stehen mehr als 250 verschiedene Formatierungsoptionen zur Verfügung, mit denen Sie Ihre Dokumente auch auf dem iPad anpassen können. Insbesondere die Bedienung gefällt dabei: Die eingeblendeten Schaltflächen passen sich automatisch den Anforderungen an. Wenn Sie also ein Datum editieren wollen, bekommen Sie eine andere Tastatur eingeblendet, als das bei einer Rechnung der Fall ist. Außerdem stehen eine Reihe von Vorlagen für die verschiedensten Arten von Dokumenten zur Verfügung: Egal ob ein Jogging-Logbuch oder eine Rechnung erstellt werden soll, bei *Numbers* findet sich die passende Vorlage. Auf Wunsch stellen weitere Apps zusätzliche Dokumente zur Verfügung. Sofern ein auf dem Mac erstelltes Dokument mit Funktionen aufwartet, die auf dem iPad nicht unterstützt werden, kommt es aber dennoch nicht zu Fehlermeldungen. Werden über das iPad Änderungen vorgenommen, bleibt das übrige Dokument davon unberührt und kann auf dem Mac später wieder problemlos betrachtet werden. Nicht ganz so unproblematisch ist die Kompatibilität zu Dokumenten im Format .doc oder .docx: Je komplexer Dokumente, die mit Microsoft Excel erstellt wurden, ausfallen, desto größer ist die Wahrscheinlichkeit von Darstellungsfehlern. Makros sind dabei grundsätzlich in *Numbers* nicht darstellbar – unabhängig davon, um welche Version es sich handelt.

Etwas weniger Möglichkeiten bieten *Pages* und *Keynotes*: Hier ist die Menge der Möglichkeiten gegenüber den Desktop-Versionen ebenfalls deutlich, aber sinnvoll reduziert worden. Dafür fällt auch die Einarbeitungsphase kürzer aus. Während bei *Numbers* das mitgelieferte Dokument zur Einführung besser gelesen werden sollte, geben die Textverarbeitung und die Präsentations-App keine Rätsel auf. Zudem bringen die drei Apps bereits eine perfekte Einbindung in Apples eigenen Cloud-Dienst iCloud mit. Mit *iWork for iCloud* lassen sich die Programme auf einem Desktop-Rechner oder Laptop sogar im Browser ausführen – unabhängig vom installierten Betriebssystem.

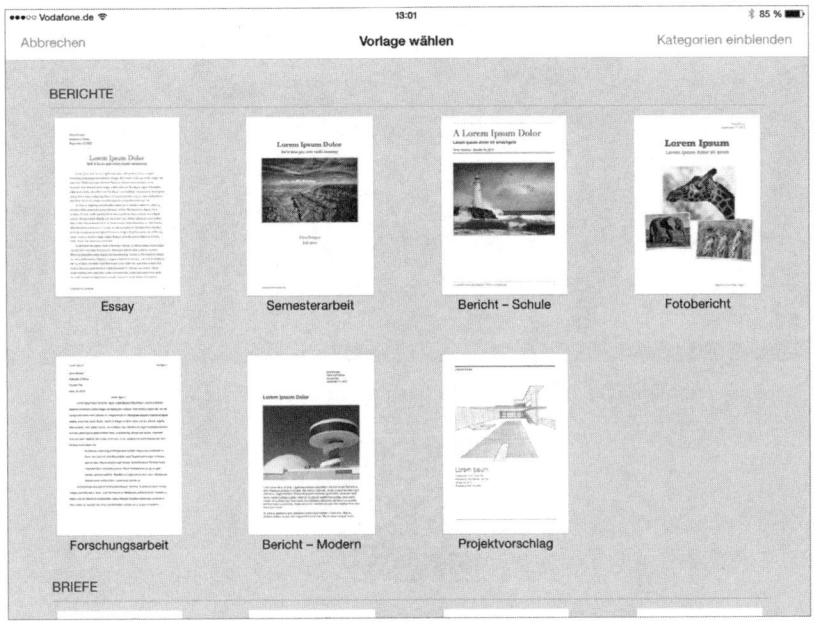

Abbildung 9.1: Pages auf dem iPad ist für viele Apple-Fans die erste Wahl.

Abbildung 9.2: Pages, 9,99 €

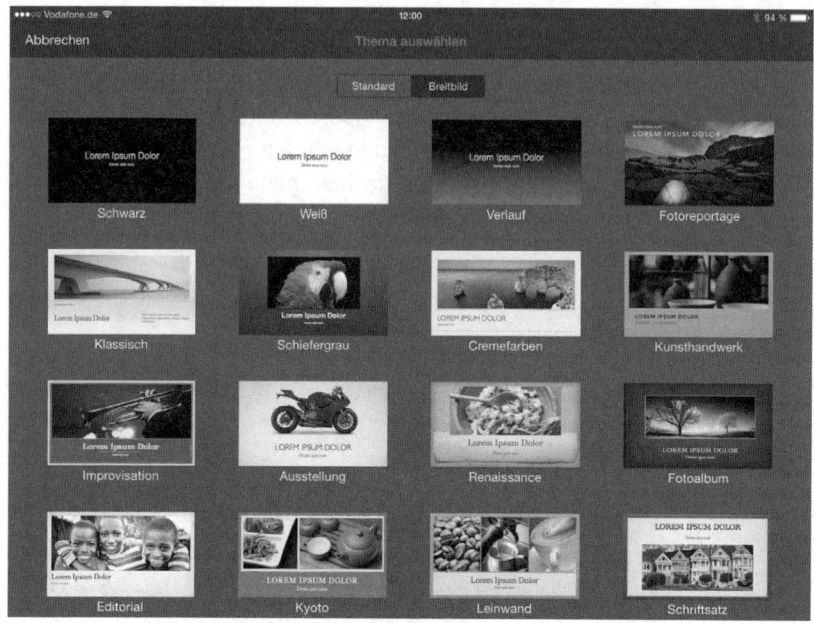

Abbildung 9.3: Keynote bietet zahlreiche ansehnliche Vorlagen.

Abbildung 9.4: Keynote, 9,99 €

Abbildung 9.5: Die Tabellenkalkulation Numbers ist einfach zu bedienen.

Abbildung 9.6: Numbers, 9,99 €

9.3 Microsoft Office für das iPad

Microsoft Office 365 ist für das iPad in den Version Personal, University und Home erhältlich. Je nach Anspruch können Sie sich für ein passendes Modell entscheiden. Personal ist zum Beispiel die beste Wahl für Einzelanwender, während die Home-Version ideal für Familien ist. University ist eine günstige Möglichkeit für Studenten, Microsoft Office umfassend zu nutzen. Das Abonnement von Microsoft Office 365 Personal kann im Apple Store für 69,95 € im

Jahr erworben werden. Alternativ können Nutzer sich für das Monatsabo entscheiden, das 7,00 € pro Monat kostet. Die Software umfasst die neuesten Versionen von Word, Excel, PowerPoint, Outlook, Publisher, Access und One-Note.

Durch die Anmeldung über den Microsoft-Account bekommt der User Zugriff auf seine Dokumente, Einstellungen und Anwendungen. Darüber hinaus bietet Microsoft 365 Personal beliebte Skype-Dienste, wie Skype und OneDrive. Mit der integrierten Anwendung OneNote haben User die Möglichkeit, eigene Dokumente, Bilder und Sprachnotizen aufzuzeichnen und zu teilen. Weitere praktische Anwendungen ermöglichen die schnelle Übernahme von PDF-Dateien in Word-Dokumente. Außerdem können Onlinemedien, Fotos und Videos unkompliziert zu Dokumenten hinzugefügt werden. Mit PowerPoint werden Präsentationen, Diagrammanimationen und Schnellanalysen auf intuitive Art und Weise verwirklicht. Automatische Upgrades sorgen stets dafür, dass alle Anwendungen in den neuesten Versionen verfügbar sind.

Die Abo-Version von Microsoft Office 365 Home bietet die gleichen Anwendungen und Zusatzdienste wie die Personal-Version. Allerdings kostet das Jahresabonnement 99,95 € und das Monatsabonnement 10,00 €. Das liegt daran, dass Office Home auf bis zu fünf verschiedenen Apple-Geräten angewendet werden kann. Die Software ist nicht nur eine gute Lösung für das iPad, sondern läuft auch auf Mac, PC, iPhone und iPod touch. Home ist also die ideale Lösung für Familien. Der Benutzerkomfort leidet durch die geteilte Nutzung von Microsoft Office 365 Home nicht.

Microsoft Office 365 University ist genau das Richtige für eingeschriebene Studierende. Berechtigt sind alle immatrikulierten Universitäts- und Hochschulstudenten sowie Lehrkräfte und Mitarbeiter an Hochschulen und Universitäten. Das Jahresabonnement kostet 79,95 € und ermöglicht nicht nur die Anwendung auf dem iPad, sondern zusätzlich auch auf einem Mac oder PC. Durch den zusätzlichen 1 TB großen Online-Speicher, der von OneDrive bereitgestellt wird, können Studenten von beiden Geräten jederzeit auf ihre gespeicherten Dokumente zugreifen. Selbstverständlich ist die Nutzung von Microsoft Office 365 University auch offline möglich. Die Studentenversion enthält die Anwendungen Word, Excel, PowerPoint, Outlook, OneNote, Publisher und

Access. Darüber hinaus werden den Nutzern jeden Monat 60 Skype-Gesprächsminuten für Anrufe in über 60 Länder bereitgestellt. Während der Laufzeit des Abonnements, die bei der University-Version 4 Jahre beträgt, sorgen automatische Updates dafür, dass alle Anwendungen stets auf dem neuesten Stand sind.

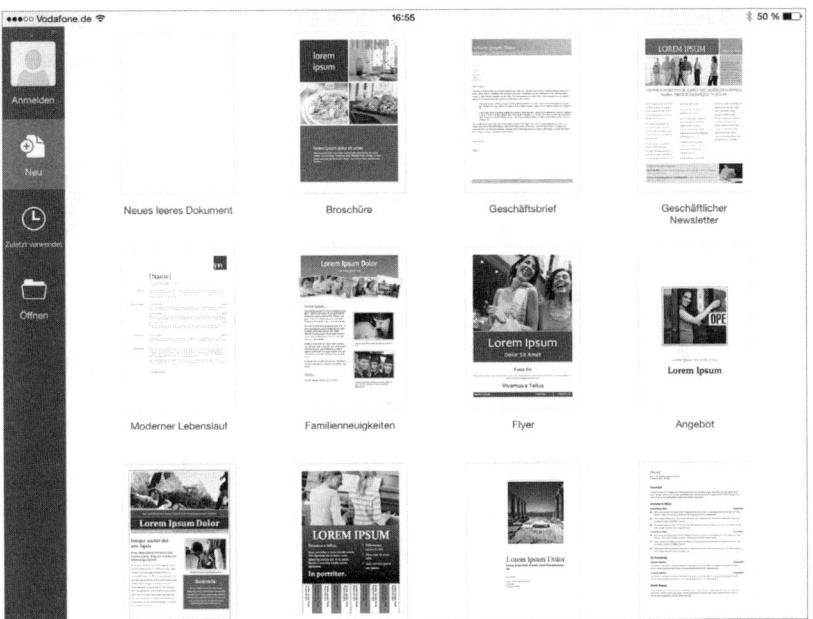

Abbildung 9.7: Word auf dem iPad ist eine gute Alternative zu Apples Pages.

Abbildung 9.8: Word, verschiedene Abo-Modelle

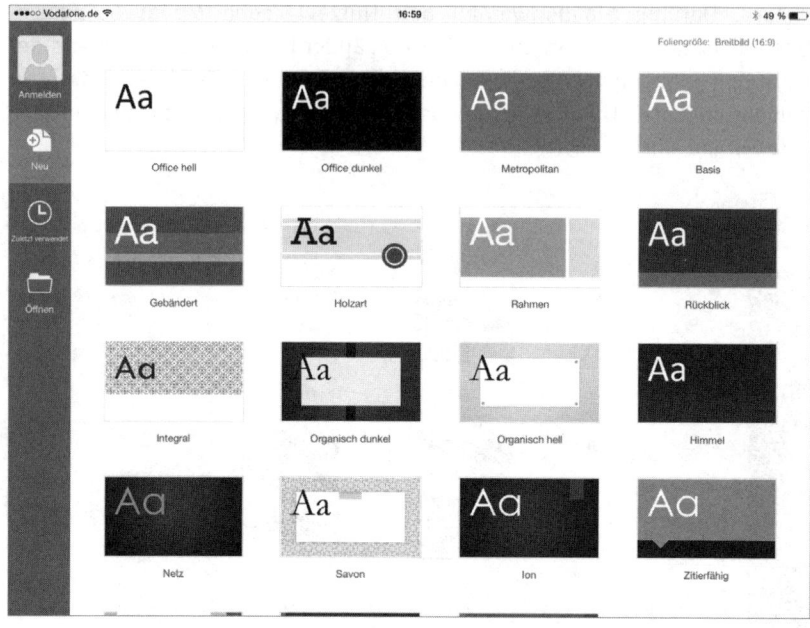

Abbildung 9.9: PowerPoint bietet alles für die perfekte Präsentation.

Abbildung 9.10: PowerPoint, verschiedene Abo-Modelle

9.4 Office-Suite im Webbrowser

Wirklich interessant ist die Anwendung *rollApp*: Dabei handelt es sich um eine Web-App, die die Textverarbeitung OpenOffice auf das iPad streamt. Das Programm ist also nicht im App Store, sondern auf der Internetseite *rollApp.com* erhältlich.

Die Besonderheit liegt darin, dass OpenOffice dann ohne Einschränkungen komplett auf dem Tablet genutzt werden kann. Damit bietet es den mit Abstand größten Funktionsumfang, der auf dem Gerät angeboten wird – auch wenn OpenOffice auf dem Desktop wohl nicht ganz mit dem Microsoft-Vorbild mithalten kann. Selbst komplexe Formeln sind somit fehlerfrei möglich; in Excel erstellte Makros bleiben hingegen ein Problem. Doch was zunächst positiv klingt, ist für den Gelegenheitsanwender nicht ohne Herausforderungen: Wer mit der Bedienung der seit Microsoft Office 2007 verwendeten Ribbon-Oberfläche vertraut ist, muss sich stark umgewöhnen. Zudem werden Sie natürlich nicht mit einer für ein Tablet optimierten Benutzeroberfläche verwöhnt – sofern Sie also ein iPad Mini besitzen, dürfte sich die Bedienung doch ein wenig mühevoll gestalten.

Immerhin ist die Webanwendung *rollApp* ähnlich wie OpenOffice selbst sehr offen: Zur Anmeldung ist keine Registrierung nötig, ein Google-, Facebook- oder Twitter-Account genügt völlig. Auch eine Anbindung an verschiedene Cloud-Dienste wie Dropbox, Google Drive oder Box steht zur Verfügung. Eine der beliebtesten Varianten für Office auf dem iPad heißt *Documents To Go*: Die Office-Suite ist seit vielen Jahren erhältlich und gehörte zumindest bis zum Erscheinen von Microsofts Office-Apps zum Standard auf jedem iPad – und hat auch jetzt noch seine Daseinsberechtigung: Die Kosten sind erheblich geringer, wenn berücksichtigt wird, dass kein Abo-Zwang besteht. Die Kompatibilität ist weitgehend gewährleistet; zudem verfügt *Documents To Go* über die sogenannte »Intact-Technologie«: Formatierungen, die die App nicht versteht, werden auch nicht verändert.

Ganz anders verhalten sich meist Office-Pakete für den Desktop, die die Umwandlung in ein eigenes Dateiformat einfordern. Somit bleiben die Dokumente aber auch bei der Bearbeitung mit *Documents To Go* vollkommen unbeschädigt, wenn später wieder ein Zugriff mit Microsoft Office erfolgen soll. Die Bedienung der App gibt ebenfalls keine Rätsel auf: Verschiedene Kontextmenüs lassen eine Bearbeitung von Texten und Tabellen schon nach kurzer Einarbeitungszeit zu.

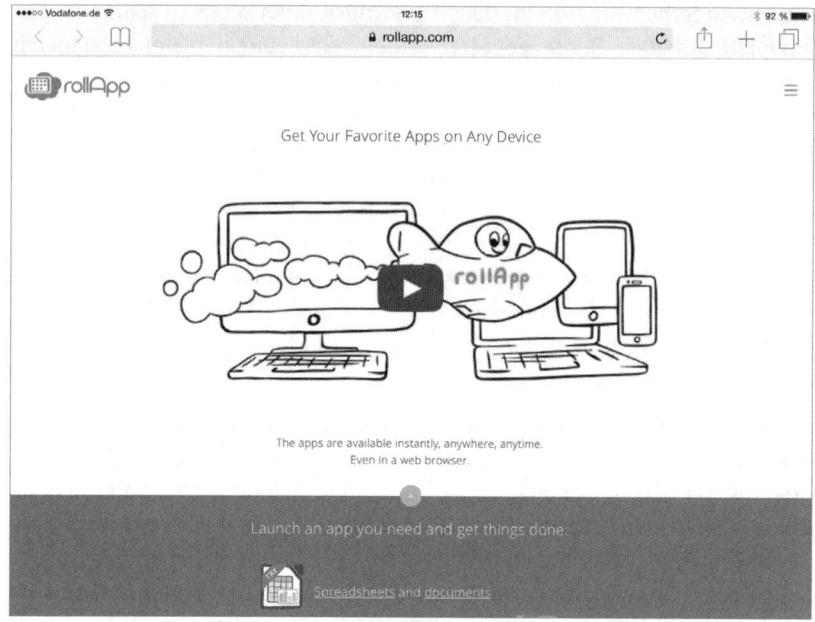

Abbildung 9.11: Mit rollApp lässt sich OpenOffice auf das iPad übertragen.

Abbildung 9.12: Documents To Go, kostenlos bis 16,99 €

9.5 Quickoffice/Office² schützt Dokumente mit Passwort

Als gleichermaßen empfehlenswert und beliebt konnte *Quickoffice Pro* bezeichnet werden – bisher jedenfalls. Um auch auf dem iPad mit einem Office-Paket vertreten zu sein, kaufte Google die App im Jahre 2012 auf. Seitdem häufen sich die Beschwerden von Nutzern, die regelmäßig Bugs beklagen, die lange Zeit auf ihre Behebung warten würden. Anders als beispielsweise bei *Documents To Go* ist es leider nicht nur so, dass einige selten genutzte Formeln nicht funktionieren, sie verschwinden auch gleich komplett. Wenn Sie allerdings ohnehin nur sehr einfache Formatierungen verwenden, können Sie vom tollen Design und der besonders intuitiven Bedienung der App profitieren. Außerdem ist die Integration in sehr viele unterschiedliche Cloud-Dienste gut gelöst.

Dasselbe gilt auch für die App *Office²* von Byte². Zudem wird hier ganz besonderen Wert auf eine hohe Kompatibilität zu Microsoft-Office-Dokumenten gelegt. Praktisch und keineswegs selbstverständlich ist die Anzeige von Kommentaren im Korrekturmodus von Word. Gerade wenn unterwegs noch weitere Korrekturen stattfinden sollen, ist diese Funktion ganz besonders nützlich. Zudem ist durch die Entwickler gut dokumentiert, welche Funktionen aus Microsoft Office unterstützt werden und welche nicht, was auf der Dienstreise unangenehme Überraschungen verhindern kann. Auch eine unnötige Ausgabe kann auf diese Weise verhindert werden, die Kompatibilität lässt sich bereits mit der Gratisversion überprüfen. Sensible Dokumente können auf Wunsch durch einen Passwortschutz vor unerlaubtem Zugriff gesichert werden.

Abbildung 9.13: Quickoffice Pro, 9,99 €

9.6 Smart Office 2: Eine App für iPad und iPhone

Nutzen Sie nicht nur Ihr iPad, sondern gar das iPhone zur Bearbeitung von Dokumenten, sollten Sie sich einmal *Smart Office 2* ansehen. Die App wird nämlich für beide Geräte gleichermaßen angeboten und passt sich selbstständig auf die jeweilige Bildschirmgröße an. Auch der Vorgänger, der einfach auf die 2 im Namen verzichtet, wird noch vergünstigt angeboten. Eine Empfehlung kann hier aber eindeutig nicht ausgesprochen werden – weil die App nicht mehr gepflegt wird, häufen sich Fehler. *Smart Office 2* hingegen überzeugt vor allem durch Optik und Bedienung. Im Gegensatz zu manch anderer App ist die Anwendung komplett in deutscher Sprache. Außerdem praktisch ist die Möglichkeit, sich Dateien in der Vorschau anzusehen, ohne sie öffnen zu müssen. So können Sie auf umfangreiches und nerviges Scrollen in langen Dokumenten verzichten, wenn Sie auf der Suche nach einer bestimmten Stelle im Dokument sind. Außerdem kann bei *Smart Office 2* direkt auf einen Drucker zugegriffen werden, ohne dass dazu noch eine weitere Applikation notwendig ist. Funktionsumfang und Kompatibilität bewegen sich etwa im Mittelfeld. Leider haben die vielen Animationen auch eine Schattenseite: Die Arbeitsgeschwindigkeit fällt bisweilen spürbar geringer aus als bei den Top-Apps in dieser Kategorie.

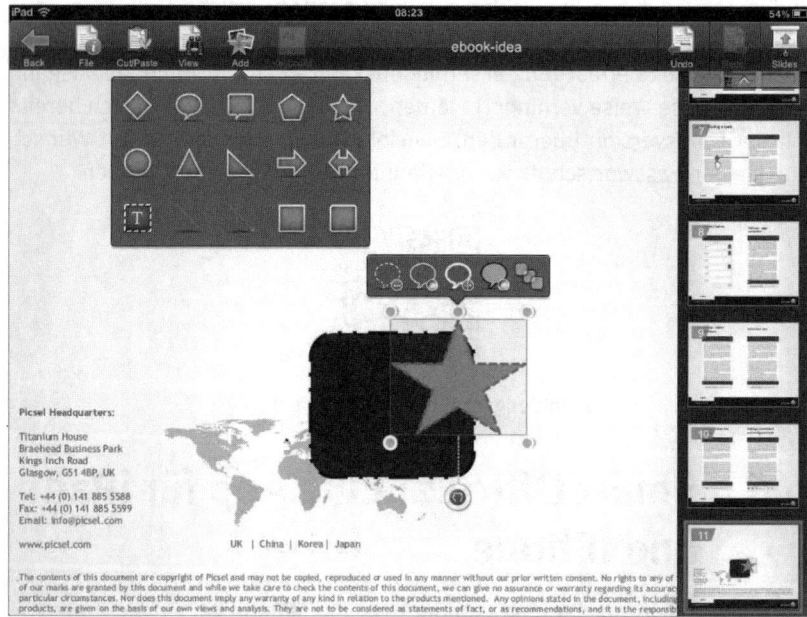

Abbildung 9.14: Mit Smart Office 2 lassen sich ansehnliche Dokumente gestalten.

Abbildung 9.15: Smart Office 2, 9,99 €

9.7 Fazit: Große Auswahl für jeden Anspruch

Auch für klassische Textverarbeitungs- und Tabellenkalkulations-Aufgaben ist das iPad zu gebrauchen – sofern die richtige App dafür installiert ist. Welches Office-Paket bei der insgesamt großen Auswahl zu empfehlen ist, hängt dabei von Ihren individuellen Anforderungen ab. Die unter dem Namen *iWork* zusammengefassten Office-Anwendungen von Apple wurden für das iPad gründlich überarbeitet und überzeugen vor allem in puncto Funktionsumfang und Optik. Vor allem, wenn *Numbers*, *Pages* und *Keynote* auch auf dem Mac genutzt werden, führt kaum ein Weg an den passenden Applikationen für das iPad vorbei.

Auch Microsoft hält für das iPad eine Office-Lösung parat. Erwartungsgemäß ist die Kompatibilität zu Dokumenten, die als .docx- oder .xlsx-Datei erstellt wurden, am größten; demgegenüber stehen einige Funktionsmängel sowie der hohe Preis des Abonnements. Poweruser sollten sich die Webanwendung *rollApp* einmal ansehen, die das bekannte Office-Paket von OpenOffice im Browser streamt – ohne Einschränkungen gegenüber der Desktop-Variante. Die Bedienung der eindeutig für PC-Mäuse optimierten Software geht leider nicht immer einfach von der Hand. Andere beliebte Apps wie *Quickoffice* und *Documents To Go* verbinden eine relativ gute Kompatibilität mit einem günstigen Preis und intuitiver Bedienung. Wenn Sie an *iWork* keinen Gefallen finden, weil Sie insbesondere für die Anbindung an einen alternativen Cloud-Dienst eine geeignete App suchen, werden Sie hier fündig.

10

Fotografieren für Laien und Profis

Nicht nur die Entwicklung im Bereich der digitalen Fotografie, sondern auch die Peripheriegeräte haben sich verändert. So bieten sowohl iPhone als auch iPad für Fotografen in der heutigen Zeit viele Vorteile. Neben der Möglichkeit, die gemachten Bilder schnell anschauen zu können, ist es mit den entsprechenden Apps möglich, diese Bilder zu bearbeiten, zu teilen und zu katalogisieren. Dank der verschiedenen Adapter, die mittlerweile für die meisten Kameratypen angeboten werden, ist es ein Leichtes, die eigene Kamera mit dem iPhone oder dem iPad zu verbinden. Dies ermöglicht nicht nur das einfache und direkte Überspielen der Bilder auf das Mobilgerät, sondern versetzt den Fotografen in die Lage, außerhalb des Studios auf Tethered Shooting zurückgreifen zu können. Somit stehen die gemachten Bilder sofort auf dem hochauflösenden Bildschirm des iPhones oder besser noch iPads bereit. Diese können dort nicht nur komfortabler, sondern auch farbechter begutachtet werden. So lassen sich Fotoshootings nicht nur schneller, sondern vor allem auch komfortabler über die Bühne bringen. Ein Vorteil in all den Situationen, in denen fern vom eigenen Studio und dem entsprechenden Equipment gearbeitet werden muss. Darüber hinaus bietet diese Art der Fotografie den enormen Vorteil, dass bei entsprechender Speichergröße von iPad oder iPhone das lästige Wechseln der Speicherkarten entfällt und man somit schneller und kontinuierlicher arbeiten kann. Vor allem bei der Arbeit mit gebuchten Modellen ein zeitlicher Vorteil, der sich in der finanziellen Belastung niederschlägt.

10.1 Einfache und direkte Bildbearbeitung

Auch wenn die nativ auf dem iPad und iPhone vorhandenen Möglichkeiten arg eingeschränkt sind, lässt sich der Funktionsumfang der Mobilgeräte mit passenden Apps leicht erweitern. So bietet zum Beispiel die *Fotolia*-App dem Fotografen die Möglichkeit, gelungene Schnappschüsse und Fotos direkt vom Mobilgerät auf die Fotoplattform Fotolia hochzuladen. So erweitert man nicht nur schnell und einfach das eigene Portfolio, sondern kann diese Bilder entsprechend der eigenen Wünsche zu Geld machen. Apps wie *Snapseed* oder *Lightroom mobile* sind wichtige Helfer, die aus dem Fotografen-Alltag kaum noch wegzudenken sind. So lassen sich die gemachten Fotos nicht nur schnell und direkt bearbeiten, sondern auch entsprechend einfach aufwerten. Diese Apps können zwar kein professionelles Equipment ersetzen, geben dem Kunden aber einen guten Einblick in die Möglichkeiten, die ein Foto bieten kann. Somit dienen diese Programme vor allem dem Kunden als erste Orientierungshilfe und können dem Fotografen helfen, die eigene Kundschaft schneller und leichter zufriedenzustellen. So lassen sich bei RAW-Dateien die verschiedenen Settings bereits auf dem iPad oder iPhone einstellen, sodass der Export und das Umwandeln am Ende schneller vonstattengehen.

Abbildung 10.1: Snapseed gilt vielen Fotografen als unverzichtbar.

Abbildung 10.2: Snapseed, kostenlos

Abbildung 10.3: Lightroom, kostenlos mit Adobe-Konto

11

Kunden managen mit dem iPad

Wie geschaffen scheint das iPad für das Customer-Relationship-Management: Wenn Sie als Freiberufler unterwegs sind, dann bedeutet das in der heutigen Zeit natürlich trotzdem, dass Sie für Ihre Kunden ein offenes Ohr haben müssen. Der Anspruch an den Kundenservice lässt es kaum mehr zu, wichtige Anliegen auf die lange Bank zu schieben. Mit dem iPad kann eine leistungsfähige CRM-Schnittstelle geschaffen werden, die Ihnen auch dann einen Zugriff auf wichtige Kundendaten ermöglicht, wenn Sie gerade nicht vor dem Rechner sitzen. Unternehmen wie die Cursor Software AG haben das längst erkannt und bieten für iPad und iPhone passende mobile Apps an. Zugeschnitten auf das vergleichsweise kleine Display lassen sich hier relevante Kundendaten, aktuelle Dokumente oder laufende Projekte abrufen. Wird eine E-Mail über das iPad verschickt, legt die App eine neue Aktivität in der CRM-Kundenakte an. Sofern Sie noch über ein gedrucktes Adressbuch verfügen, kann dies übrigens im Büro bleiben – Kontaktinformationen haben Sie selbstverständlich auch immer dabei.

11.1 SAP auf dem iPad

Auch Marktführer SAP hat sich des Themas angenommen: Mit der App *SAP CRM Sales* können Sie sämtliche Hauptfunktionen nutzen, die Ihnen auch auf dem Rechner zur Verfügung stehen. In Echtzeit rufen Sie laufende Bestellungen von Kunden ab; wenn Sie im Vertrieb tätig sind und über ein gewisses Maß an Spontanität verfügen, können Sie den Geschäftspartnern auch leicht einen Überraschungsbesuch abstatten: Mithilfe von GPS werden Ihnen während der Fahrt auf einer Karte Kunden in der Nähe angezeigt, zu denen Sie Geschäftsbeziehungen unterhalten.

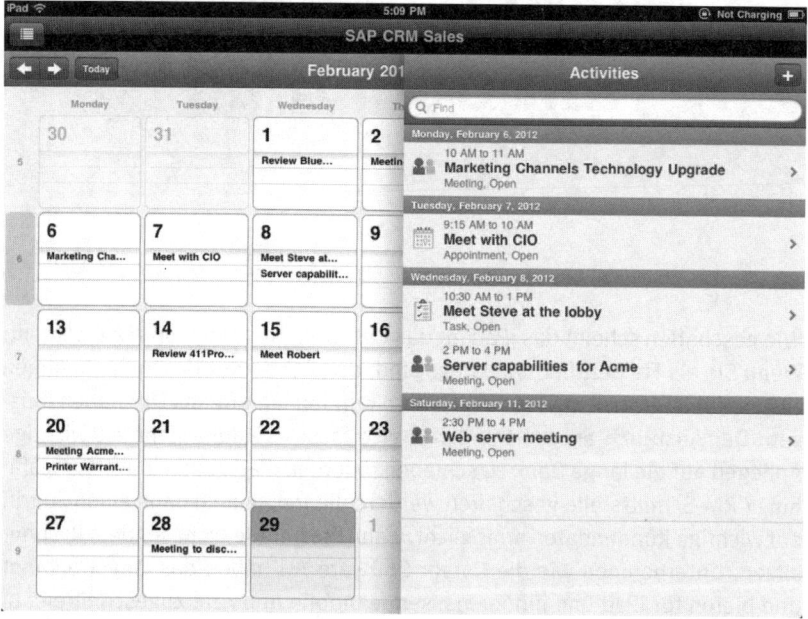

Abbildung 11.1: SAP CRM Sales ist genau das Richtige für den Vertrieb.

Abbildung 11.2: SAP CRM Sales, kostenlos

Selbst eine Analyse wichtiger Parameter der Geschäftsbeziehungen ist durch die App mit den Geräten möglich. Viele Controlling-Funktionen, die Software-Lösungen von SAP so beliebt machen, stehen aber freilich nicht zur Verfügung. Ebenfalls im Vertrieb überzeugen kann die App *Sybit App for E-Business*: Hinter diesem etwas sperrigen Namen verbirgt sich eine Software, die die digitale Präsentation von Produktkatalogen ermöglicht. Sind Sie auf Kundenbesuch und wollen Ihren Geschäftspartnern die Produkte präsentieren, ersetzt die App den gedruckten Katalog. Die Vorteile bestehen vor allem darin, dass eine Anbindung in das SAP-System möglich ist.

11.2 CRM-Ordner für iPad

Computergestütztes Kundenbeziehungsmanagement ist traditionell die Angelegenheit umfangreicher Datenbank-basierender Software-Systeme. Ihre Anwendung setzt aufwendige Implementierungsprojekte und mehrtägige Schulungen voraus.

Abbildung 11.3: Folders überzeugt durch Übersichtlichkeit.

Abbildung 11.4: Folders, 9,99 €

Komplett anders präsentiert sich *Folders*. Unmittelbar nach dem Download der App aus Apples App Store kann der Benutzer Kunden und Kontaktdaten verwalten sowie Verkaufschancen und Geschäftsvorfälle managen. Dabei hat er anstehende Aufgaben und Termine ebenso im Blick wie den Stand aktiver Verkaufsprojekte. Per Zoomfunktion lassen sich die grafischen Übersichten einfach mit zwei Fingern aufziehen, um Details zu überprüfen. Die Darstellung der Kundendatensätze als Aktenordner im Regal sorgt für Übersicht und eignet sich auch optisch für die Nutzung des Tools beim Kunden. Das Auffinden des jeweiligen Ordners wird mit einer leistungsfähigen Suchfunktion unterstützt.

Für alle, die unterwegs einen einfachen Client wünschen und dennoch nicht auf umfassende Backend-Funktionalität für CRM verzichten wollen, bietet *CRM Mate* die Möglichkeit zur Integration mit CRM-Standardsoftware per vorgefertigter Schnittstelle. Sowohl SAP- als auch CAS-Lösungen werden unterstützt.

11.3 Notes CRM

Das Konzept des mobilen CRM-Clients für den Vertriebsaußendienst hat eine lange Geschichte. Bei der Umsetzung mangelte es jedoch häufig nicht nur an der erforderlichen Leichtigkeit der Geräte, sondern mehr noch an der einfachen Bedienung. Moderne Apps wie *Notes CRM* funktionieren daher nach dem Prinzip »weniger ist mehr«. Das Leistungsangebot beschränkt sich auf die Dokumentation von Arbeitsberichten und Kundenkontakten unterwegs. Für detaillierte Arbeitsberichte erfassen Anwender mit *Notes CRM* die relevanten Daten wie Anfang, Ende und Art der Tätigkeit, Status, Lohn- und Anfahrtskosten, Materialkosten, Kontakte, Unterschriften, Fotos, Audioaufnahmen und Dokumente. Die schnelle und einfache Verwaltung von Kundenkontakten unterstützt die App mit einer übersichtlichen Eingabemaske für Datum, Beschreibung, Notizen, Personen und Status. Die so erfassten Datensätze und Dokumente lassen sich als PDF-Dokument ausdrucken oder per E-Mail versenden. Kopf- und Fußzeile kann der Anwender mit eigenen Texten und Grafiken anpassen. *Notes CRM* basiert auf der Notizenverwaltung-App *Notes* und beinhaltet den kompletten Leistungsumfang von *Notes* zur Erfassung und Verwaltung von Text- und Sprachnotizen auf dem Tablet. Praktisch für Besitzer von iPad und iPhone: *Notes CRM* gibt es auch für das iPhone und ab Version 1.3.0 besteht eine Anbindung an Dropbox für den Datenaustausch zwischen mehreren Geräten. So lässt sich auch beim zufälligen Treffen im Sportklub oder im Biergarten schnell eine wichtige Kundeninformation auf dem Smartphone erfassen und später auf dem Tablet bearbeiten.

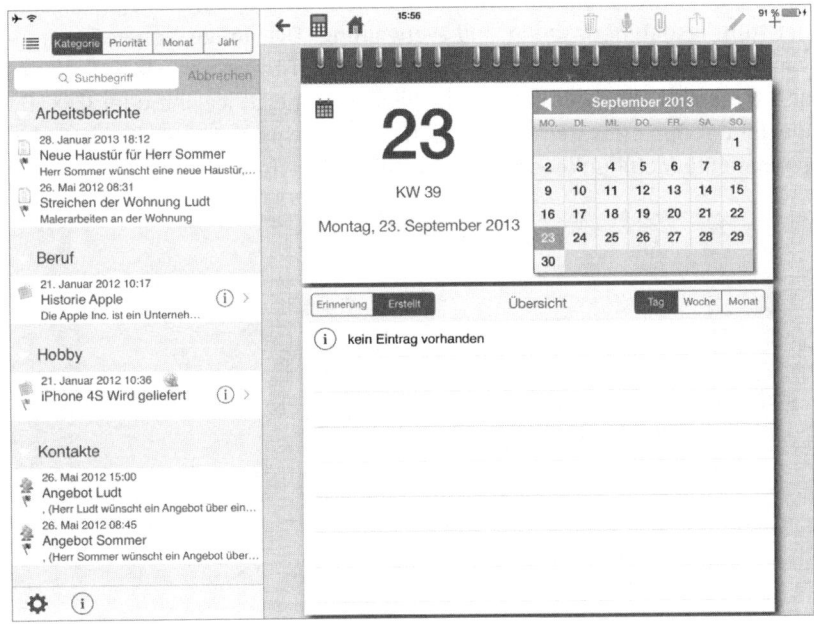

Abbildung 11.5: Mit Notes CRM dürften die meisten Außendienstler gut zurechtkommen.

Abbildung 11.6: Notes CRM, 1,99 €

11.4 Mobile Auftragserfassung

Eine iPad-App speziell für die Anforderungen des Außendienstes von Handelsunternehmen liefert die mobile only SI GmbH. Die mobile Auftragserfassung *moTrade* unterstützt die Präsentation von Produkten, nimmt Bestellungen auf und ermöglicht den Zugriff auf aktuelle Informationen zu Kunden und Interessenten. Im Zusammenspiel mit dem kostenpflichtigen moTrade-Kommunikationsserver präsentiert die Gratis-App Produktbilder, Bestellungen und Kundenadressen aus dem Warenwirtschafts- und ERP-System des Anwendungsunternehmens auf dem iPad und dient gleichzeitig der Auftragsdatenerfassung und -verwaltung. Die nötige Server-Software von moTrade bietet Schnittstellen zu gängigen IT-Systemen wie SAP, Microsoft Dynamics (Navision), Mesonic WinLine, Sage OfficeLine oder iFax. Da die mit der App erfassten Daten auf dem iPad gespeichert werden, ist keine permanente Mobilfunk- oder WLAN-Verbindung erforderlich.

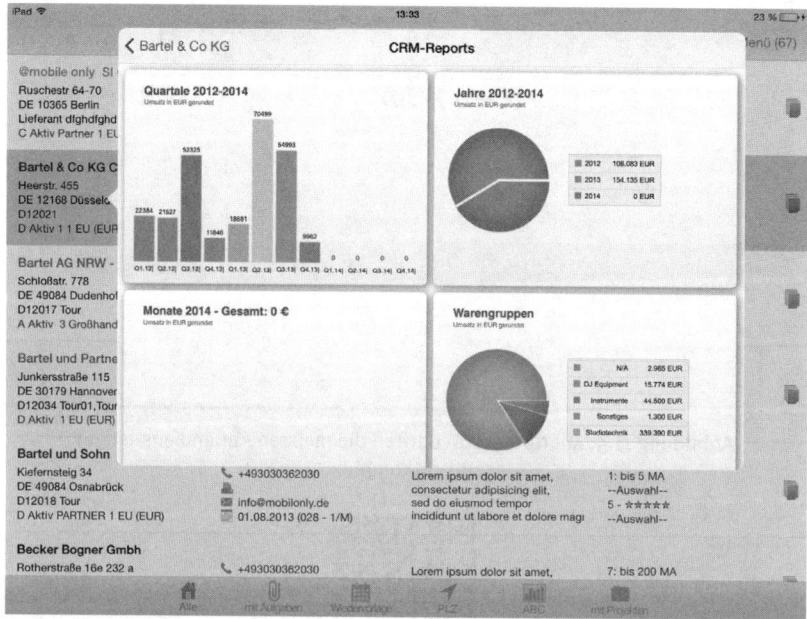

Abbildung 11.7: Mobile Aufträge auf dem iPad erfassen geht gut mit »moTrade«.

Abbildung 11.8: moTrade, kostenlos

Das mehrstufige Selektions- und Gruppierungskonzept der App sorgt bei der manuellen Erfassung für das schnelle Auffinden einzelner Artikel – auch bei einem großen Sortiment. Kundenspezifische Konditionen oder Staffelpreise lassen sich in Listen hinterlegen und automatisch zuordnen. Zum Abschluss der Bestellung kann der Kunde den Auftrag mit seiner Unterschrift direkt auf dem Tablet signieren.

11.5 Audius dashface

Einfache Bedienbarkeit von Apps auf Tablets heißt oft auch: stark standardisieren und auf Basisfunktionen beschränken. Gerade im Umgang mit dem Kunden setzen viele Firmen jedoch auf individuelle Abläufe, die sich mit Standard-Apps kaum abbilden lassen. Hier verspricht *audius dashface* Abhilfe. Damit sind beispielsweise Außendienstmitarbeiter in der Lage, auch komplexere Kundenaufträge per Tablet im CRM-System des Unternehmens zu erfassen und zu bearbeiten. Die Lösung beinhaltet die Komponenten »Configuration Manager«, »Information Broker« und »Client Rendering Engine«, die für eine flexible Verbindung der mobilen Clients per breiter Schnittstelle mit den Backend-Systemen der jeweiligen Unternehmens-Software sorgen. Mit dem Configuration Manager lassen sich dabei die in der App zu präsentierenden und zu bearbeitenden Inhalte anwendungsspezifisch vorbereiten und auswählen. So können Unternehmen eigene zusätzliche Apps für Anwender- und Office-Daten wie Umsatzzahlen, aktuellen Kundeninformationen wie Kontaktberichten oder Serviceeinsätzen erstellen und dem Außendienst zur Verfügung stellen. Die Einrichtung dieser Vorgänge ist sehr intuitiv gehalten. Der Information Broker übermittelt dagegen ganz simpel beliebige Informationen aus dem Backend zum Client und umgekehrt. Die Client Rendering Engine ermöglicht es, diese Daten in der Form anzuzeigen, wie sie für den jeweiligen Einsatz am besten passen.

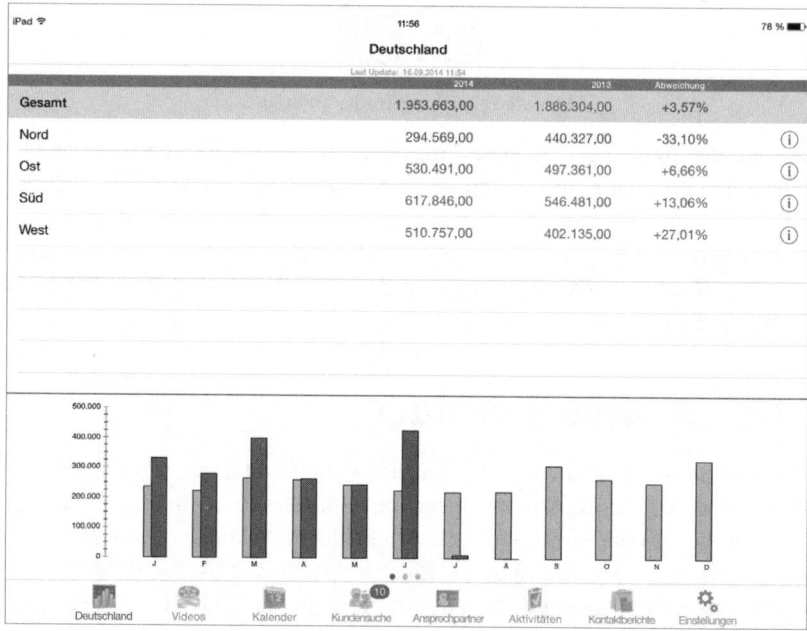

Abbildung 11.9: Kundeninformationen werden bei Audius dashface auf dem iPad immer aktuell gehalten.

Abbildung 11.10: Audius dashface, kostenlos

12

Unterwegs mit dem iPad

Den Nutzen des iPads im privaten Bereich haben Sie sicher schon für sich entdeckt: Für das Surfen und den Konsum von Multimedia-Inhalten ist das Tablet ideal. Doch besonders im Business-Einsatz lauert ein unerschöpfliches Potenzial: Weil immer mehr Daten ohnehin in die Cloud ausgelagert werden, ist ein Zugriff mit dem iPad technisch keine Herausforderung mehr – mit der passenden App als Client haben Sie auch unterwegs oder von der heimischen Couch auf Kundendaten Zugriff, für die Sie bisher Ihren Laptop hochfahren mussten. Der Vorteil ist vor allem für Freiberufler nicht zu unterschätzen: Klingelt auf einer Dienstreise das Smartphone, behalten Sie auch unterwegs den Überblick über die Kundendaten. Dadurch verbessern Sie Ihren Workflow und erhöhen die Servicequalität. Darüber hinaus gibt es allerdings noch eine Reihe weiterer Anwendungsmöglichkeiten, die das iPad zum nützlichen Begleiter machen.

Nützlich ist aus verschiedenen Gründen die Speicherung der Daten in der Cloud: Zum einen müssen Sie sich nicht mehr selbst um die Synchronisation der Daten kümmern; zum anderen wird der begrenzte, interne Speicher des iPads nicht gefüllt: Ein temporärer Download findet nur für jene Daten statt, die gerade abgerufen werden. Die Nutzung des iPads ist also nur eine logische Konsequenz aus der Tatsache, dass selbst Freiberufler oder private Nutzer ihre Daten zunehmend in Cloud-Netzwerken speichern.

12.1 Arbeitszeiten erfassen

Neben den Kundendaten haben aber auch Informationen der eigenen Arbeit eine hohe Relevanz: Wenn Sie als Freiberufler Ihre Arbeitsleistungen auf Stundenbasis abrechnen oder aus anderen Gründen einen Zeitnachweis liefern müssen, kann die App *Finarx ? Zeiterfassung Überstunden Stundennachweis* eine wichtige Unterstützung liefern. Hier können Sie Ihre tägliche Arbeitszeit ganz übersichtlich bestimmten Projekten oder Tätigkeiten und Kunden zuordnen. Damit behalten Sie ganz einfach die Übersicht, wenn es später darum geht, eine Rechnung zu erstellen. Denn Standard-Pausen und voreingestellte Zeit-Rundungs-Intervalle machen am Ende den Taschenrechner überflüssig. Zudem bietet die App noch das Einbinden von Budgets: Wird ein bestimmtes Projekt mit limitierten Zeitressourcen bearbeitet, können Sie die Einhaltung somit frühzeitig abschätzen und im entsprechenden Bedarfsfall gegensteuern.

Abbildung 12.1: Die App des Anbieters Finarx –Stundennachweise Zeiterfassung Überstunden hat zwar einen etwas sperrigen Namen, funktioniert aber gut. Es lassen sich zahlreiche Einstellungen durchführen.

Abbildung 12.2: Finarx, 3,99 €

12.2 Die Geschäftsreise planen und durchführen

Zweifelsfrei leistet das iPad besonders dann gute Dienste, wenn es seine hohe Mobilität ausspielen kann – was auf Dienstreisen ganz besonders der Fall ist. Für Freiberufler finden sich eine Menge von Anwendungsmöglichkeiten: Die App *Pack The Bag*« hat bereits vordefinierte Checklisten von Gegenständen im Angebot, die Sie auf Ihrer Reise besser nicht vergessen sollten und auf jeden Fall in den Koffer packen sollten. Die Möglichkeit, bereits eingepackte Dinge abzuhaken und nach Kategorien zu gruppieren, schafft eine gute Übersichtlichkeit.

Besonders für spontane Menschen eignen sich auch Apps wie *Tripadvisor*: Damit können Sie in Zielnähe Hotels und Restaurants finden; außerdem werden Ihnen Sehenswürdigkeiten angezeigt, sofern dafür noch Zeit bleibt.

Ebenso nützlich könnte für Sie unterwegs der *Wi-Fi Finder* sein: Mit dieser App lassen sich kostenlose Hotspots aufspüren. Dank GPS werden Sie mit Ihrem iPad zur nächstgelegenen Möglichkeit geführt, um ein kabelloses Netzwerk in Anspruch zu nehmen. Das ist speziell dann interessant, wenn Sie über ein Gerät und Mobilfunkmodem verfügen oder Ihr maximal nutzbares Datenvolumen zu schnell aufgebraucht ist, und natürlich im Ausland, um Roaming-Gebühren zu sparen.

Sofern Sie mit dem eigenen Fahrzeug unterwegs sind, dürfte auch die App von *clever-tanken.de* einen Sinn erfüllen: Damit können Sie nämlich auf Ihrer Fahrt Tankstopps genau dort einplanen, wo Sie dank günstiger Spritpreise bares Geld sparen können.

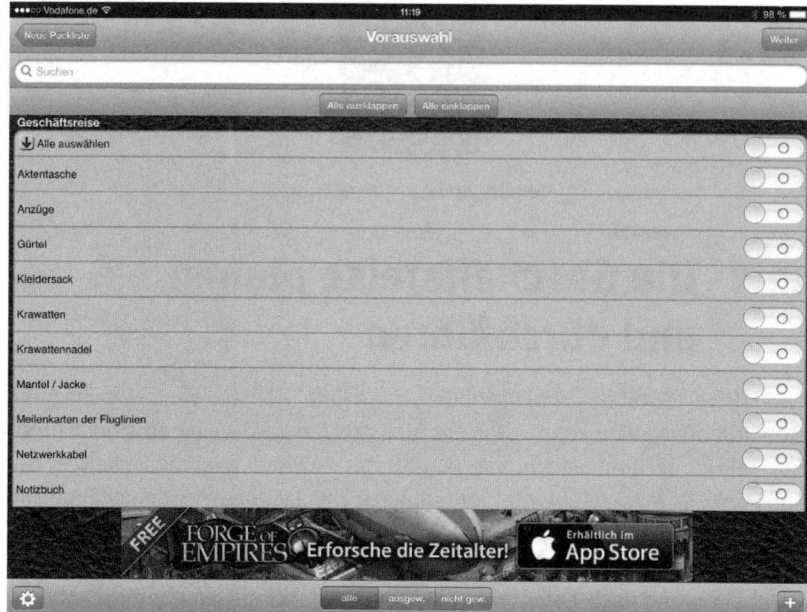

Abbildung 12.3: Die App Pack The Bag hilft, kein Gepäckstück zu vergessen. Vorge-
fertigte Listen helfen bei der Planung.

Abbildung 12.4: Pack The Bag, kostenlos

Abbildung 12.5: Tripadvisor, kostenlos

Abbildung 12.6: Wi-Fi Finder, kostenlos

Abbildung 12.7: Clever-tanken.de, kostenlos

12.3 Digitales Fahrtenbuch

Ausgedient haben Stift und Papier selbst beim Fahrtenbuch: Wer das iPad ohnehin für seine freiberuflichen Tätigkeiten nutzt und dabeihat, kann auch seine dafür notwendigen Fahrten damit digitalisieren. Möglich macht dies die App *Mein Fahrtenbuch*: Mit dieser Software ist es sogar in einer kostenfreien Variante möglich, gefahrene Strecken zu dokumentieren. Zu Beginn werden dabei das Kennzeichen des Fahrzeugs sowie der Tachostand eingetragen; Fahrten können dann als geschäftlich oder privat festgehalten werden. Auch die Klassifizierung als Arbeitsweg ist möglich, was die App noch universeller macht. Komplettiert werden die Einträge durch die Auswahl von Start- und Zielort sowie einer Begründung für die Fahrt. Damit gleicht der Informationsgehalt dem klassischen Fahrtenbuch; bietet aber den Vorteil, dass Voreinstellungen gespeichert werden und spätere Einträge somit schneller ausgeführt werden können. Auch der letzte Kilometerstand wird ebenso wie das aktuelle Datum automatisch in das Formular übernommen. Darüber hinaus können noch Statistiken über die Fahrten erstellt werden, die beispielsweise durchschnittliche Wegstrecken anzeigen. Nützlich ist aber vor allem die Möglichkeit, die Eintragungen auch in verschiedenen Dateiformaten zu exportieren. Zwischen der kostenpflichtigen und der Gratis-Version des Programms gibt es einige kleinere Unterschiede: Zum einen müssen bei der kostenlosen Variante Werbeeinblendungen in Kauf genommen werden; außerdem kann nur ein Fahrzeug verwaltet werden – bei der Bezahl-App sind es zehn.

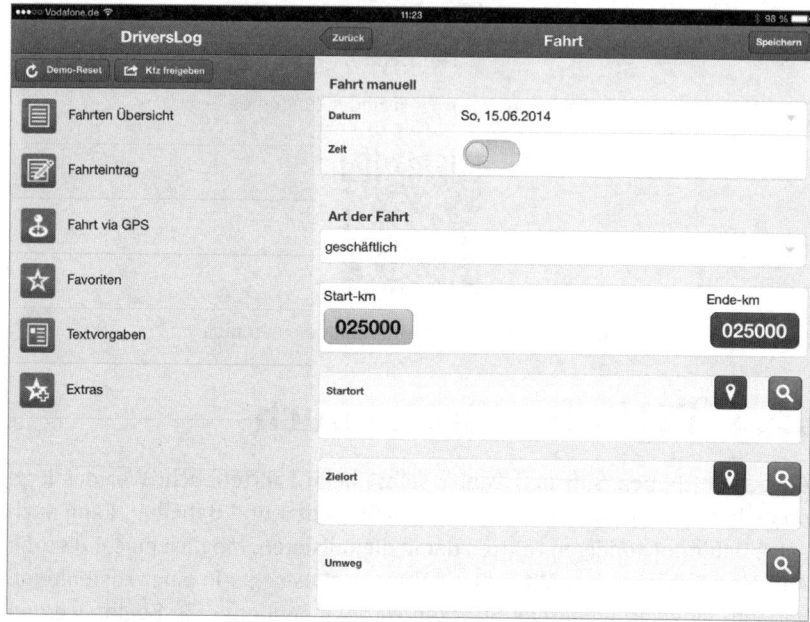

Abbildung 12.8: Viele Selbstständige müssten der Steuer wegen ein Fahrtenbuch benutzen. Die App Mein Fahrtenbuch eignet sich gut dazu.

Abbildung 12.9: Mein Fahrtenbuch, kostenlos, Ergänzungen möglich

12.4 iPad ersetzt mobiles Navi

Eine schier unerschöpfliche Auswahl an verschiedenen Apps gibt es im Bereich der Navigation: Besonders *Google Maps* kann hier punkten. Ein minimalistischer Aufbau, der trotzdem alle wichtigen Funktionen zum Navigieren bereithält, gefällt auch Apple-Kunden. Nicht kostenlos, für die Navigation aber empfehlenswert sind die Navi-Apps von *Navigon* und *TomTom*: Beide Anbieter haben sich mit günstigen, mobilen Navigationsgeräten einen Namen gemacht, als diese Gerätekategorie noch ihre Daseinsberechtigung hatte. Heute stellen sie ihr Know-how auch für Smartphones und Tablets zur Verfügung. Gegenüber den kostenlosen Navi-Lösungen besteht der Mehrwert vor allem in der Tatsache, dass Karten auch offline zur Verfügung gestellt werden, also auf dem Gerät selbst gespeichert werden können. Das ist immer dann ein entscheidender Vorteil, wenn das Datenvolumen des Mobilfunkvertrags sehr beschränkt ist. Vor allem im Ausland können so auch erhebliche Nutzungskosten gespart werden.

Abbildung 12.10: Navigon, 99,99 € (Europa)

Abbildung 12.11: TomTom, 84,99 € (Europa)

12.5 Fazit: Nützlicher Begleiter auf der Dienstreise

Wenn Sie Ihren Workflow durch das iPad verbessern möchten, haben Sie dazu als Freiberufler im Vertrieb einige Möglichkeiten: Was Sie sich vor einiger Zeit noch auf Dienstreisen notiert haben, kann heute leicht digital festgehalten werden. Egal ob Fahrtenbuch oder Stundennachweis, das iPad vereinfacht die Eingabe und macht den Kugelschreiber überflüssig. Auch die Software-Entwickler erkennen das Potenzial: Zu beinahe jeder CRM-Anwendung steht heute eine passende App bereit, die die Nutzung der Hauptfunktionen auch mit iPhone oder iPad ermöglicht. So wie hierdurch die Kundendaten immer abrufbar sind, könnten Ärzte mit dem iPad auch auf Patientendaten zugreifen. Kommerzielle Anwendungen dazu fehlen allerdings weitgehend – eine Digitalisierung der Patientenakten ist allerdings in Arbeit. Anwendungen in der Arztpraxis finden sich aber heute schon: In den Praxisnetzwerken können digital aufgenommene Röntgenbilder auf dem iPad gezeigt werden, was die Zugriffszeiten erhöht und Ressourcen spart. Außerdem bietet das Tablet Unterstützung, wenn es beispielsweise darum geht, Patienten über eine anstehende Operation aufzuklären. Durch entsprechende Visualisierungen können auch komplexe Sachverhalte begreifbar gemacht werden. Fraglos ist aber auch: Die Nutzungsmöglichkeiten der mobilen Geräte sind bei Weitem noch nicht ausgeschöpft – erst in den kommenden Jahren dürfte sich zeigen, was das iPad im Berufsalltag des Freelancers für Potenziale bietet.

13

Mit anderen arbeiten

In der Geschäftswelt wird das Arbeiten in der Gruppe immer wichtiger – eine Anforderung, die natürlich auch auf das iPad übertragen werden kann, wenn es für berufliche Zwecke genutzt wird. Mit den richtigen Apps halten Sie aber ganz einfach die Verbindung zum Team. Auch der Austausch und die gemeinsame Bearbeitung von Dateien werden so wesentlich vereinfacht.

13.1 Teamwork in Echtzeit mit iWorks

Die Kommunikation mit dem iPad ist schnell und unkompliziert gelöst. Wird flexibel in einer Gruppe gearbeitet, muss aber auch der Austausch von Dateien reibungslos funktionieren. Hier sind seit einiger Zeit Cloud-Lösungen äußerst beliebt geworden. Technisch werden die betreffenden Dateien auf einem fremden Server gespeichert, mit einer Client-App erhalten Sie als Nutzer vom iPad aus Zugriff auf diese Daten. Die zunehmend schnelleren Internetverbindungen und die Tatsache, dass immer mehr Menschen auf verschiedenen Endgeräten arbeiten, hat diese Entwicklung in jüngster Zeit gefördert.

Auch Apple hat sich dieses Themas angenommen, wenn auch recht spät: Mit *iWork for iCloud* wird eine spezielle Cloud-Variante der eigenen Office-Suite angeboten. Damit können Sie auch im Team an Dateien arbeiten, die mit der Textverarbeitung Pages, der Tabellenkalkulation Numbers oder dem Präsentationsprogramm Keynote erstellt wurden. Das betreffende Dokument kann dann im Team bearbeitet werden – sogar in Echtzeit. Eine Liste zeigt Ihnen an, wer gerade an der Datei arbeitet. Mit einem Klick springen Sie direkt zum Cursor des Kollegen und bekommen gerade von ihm editierte Textstellen gezeigt. Apples Lösung entspricht dem Zeitgeist: Geht es nach den Software-Entwicklern, ist die Cloud künftig nicht mehr nur noch ein Ablageort für Daten. Vielmehr werden ganze Programme im Browser dargestellt und als Dienstleistung zur Verfügung gestellt.

»Software as a Service«

»Software as a Service« (SaaS) hat auch hier den Vorteil, dass die Kollegen nicht zwingend auf ein Apple-Betriebssystem angewiesen sind. Auch ein Windows- oder Linux-PC kann zum Arbeiten mit *iWork for iCloud* verwendet werden, die Dokumente lassen sich direkt in den Browsern Internet Explorer oder Google Chrome öffnen. Nutzt jemand im Team allerdings ein Android-Tablet, steht ihm dafür leider keine entsprechende App zur Verfügung.

Schwerwiegender dürfte allerdings die Tatsache sein, dass sich *iWork* bisher noch nicht als ernst zu nehmende Konkurrenz von Microsoft Office durchsetzen konnte. Die Bedienung für einfache Formatierungen ist unkompliziert, dafür stehen auch weitaus weniger Möglichkeiten zur Wahl, als das bei der mächtigen Office-Suite von Microsoft der Fall ist. Die unangefochtene Marktführerschaft im Bereich der Textverarbeitung und Tabellenkalkulation lässt sich das Unternehmen gut bezahlen. Mit der Einführung von *Office 365*, wie Microsoft seine eigene Cloud-Lösung nennt, muss ein Abo abgeschlossen werden, das monatlich rund zehn Euro kostet. Das Abrechnungsmodell stieß in der IT-Welt teils auf sehr scharfe Kritik, weil sich die Kosten somit gegenüber den bisher angebotenen Kauflizenzen noch einmal kräftig erhöhten. Nur mit einem solchen Account lassen sich die Office-Apps für das iPad vollständig nutzen, ansonsten können sie nur als Betrachter der jeweiligen Dokumententypen verwendet werden. Abgesehen von den Kosten muss sich das Office-Paket von Microsoft wenig Kritik gefallen lassen. Der Funktionsumfang wurde gegenüber den Desktop-Versionen maßvoll reduziert und perfekt auf die Möglichkeiten des Touchscreens angepasst. Auch das Teilen der Dokumente und die gemeinsame Bearbeitung im Team ist durch die eigene Cloud besonders einfach.

13.2 Yammer

Yammer gehört zu den führenden, nicht öffentlichen sozialen Unternehmensnetzwerken. Yammer hat es sich zur Aufgabe gemacht, die Mitarbeiter produktiver und erfolgreicher werden zu lassen.

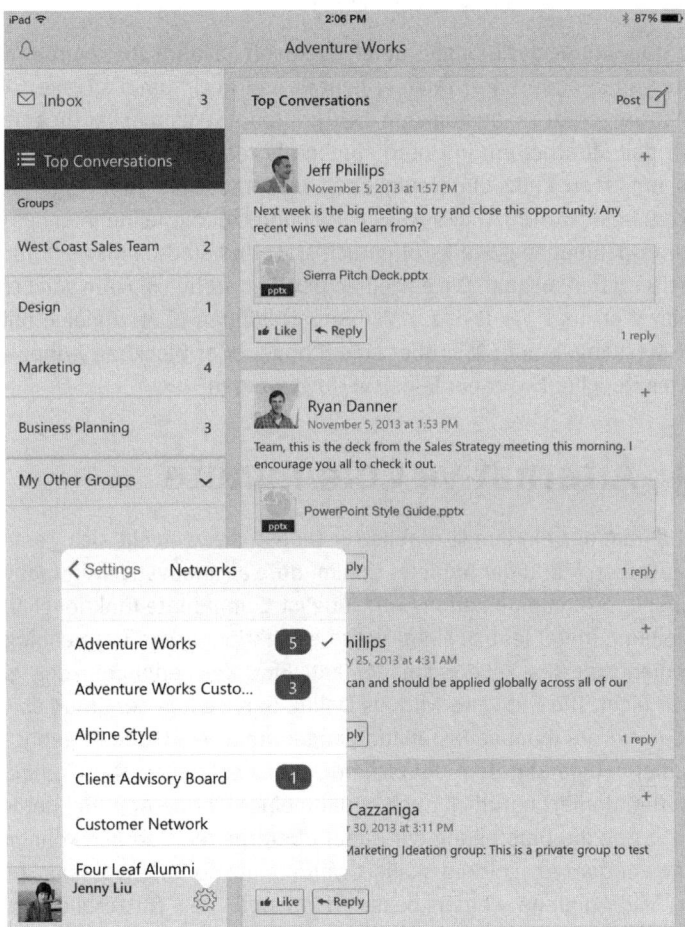

Abbildung 13.1: Yammer ist der Platzhirsch in Sachen interne Unternehmenskommunikation.

Abbildung 13.2: Yammer, je nach Abo-Modell

Mit der Übernahme des Dienstes durch Microsoft im Jahre 2012 wurde Yammer in Office 365 integriert. Bei Yammer geht es im Prinzip um die Frage: »Woran arbeitest du gerade?«, analog zum Twitter-Credo »Was machst du gerade?«. Yammer soll Mitarbeitern in Unternehmen als zentrale Diskussionsplattform dienen, um Ideen, Links und Neuigkeiten auszutauschen oder Fragen zu stellen und zu beantworten. Die Diskussionen finden für die Teilnehmer des jeweiligen Unternehmensnetzwerks öffentlich statt und sind damit auch für neue Mitarbeiter durchsuchbar. Die einzelnen Beiträge stehen in Form von Echtzeit-Feeds im Web und per RSS zur Verfügung, können aber zugleich mit dem Instant-Messenger, per SMS, über eine iPhone- oder Blackberry-Applikation, einen Desktopclient oder per E-Mail verfolgt werden.

13.3 Alternative Communote

Während Yammer ein längst etablierter Dienst ist, versucht sich gerade auf dem deutschen Markt der Anbieter Communote als innovative Alternative. Als Enterprise-2.0.-Kommunikationswerkzeug ist Communote funktional an Twitter angelehnt, bietet jedoch einige weitere Funktionen, wie Themenblogs und ein themenbasiertes Rechtemanagement. Eine Zeichenbegrenzung gibt es natürlich nicht. Die Software wird als Online-Service aus der Cloud sowie als Download für die Inhouse-Installation angeboten. Das Cloud-Angebot unterliegt dabei vollständig dem deutschen Datenschutzrecht. Das Communote-System funktioniert natürlich auch mithilfe einer iPhone-App. Bei der letzten Version wurde die Darstellung der Bilder überarbeitet. Dadurch können Bild-Anhänge vor dem Abschicken skaliert werden, um so Datenvolumen zu minimieren, Bild-Anhänge werden besser dargestellt und Nutzerbilder werden automatisch aktualisiert.

Abbildung 13.3: Communote gefällt vor allem in deutschen Unternehmen. Leider nur auf dem iPhone.

Abbildung 13.4: Communote, je nach Abo-Modell

13.4 Google Docs auf dem iPad

Auch Konkurrent Google bietet einen Cloud-Dienst an, der ein Arbeiten im Team grundsätzlich ermöglicht: Vor allem der große kostenlose Speicherplatz von 15 GB, den der Cloud-Dienst *Google Drive* bietet, überzeugt. Außerdem ist via *GoogleDocs* eine Bearbeitung von Dokumenten mit den Kollegen möglich – und das sogar in Echtzeit. Doch auf dem iPad verliert das Angebot viel von seinem Reiz. Anders als im Browser eines Desktop-Rechners kann mit der App nur lesend auf Dateien zugegriffen werden, die in der App abgespeichert sind. Nicht zum Funktionsumfang gehört hingegen das Bearbeiten von Dokumenten in der App selbst. Immerhin: Eine spezielle mobile Ansicht ist für den Browser Safari optimiert und ermöglicht immerhin ein Bearbeiten der Textdokumente aus Docs und der Tabellenkalkulation Spreadsheet. Dass das Unternehmen keine vollwertige App zur Verfügung stellt, enttäuscht allerdings.

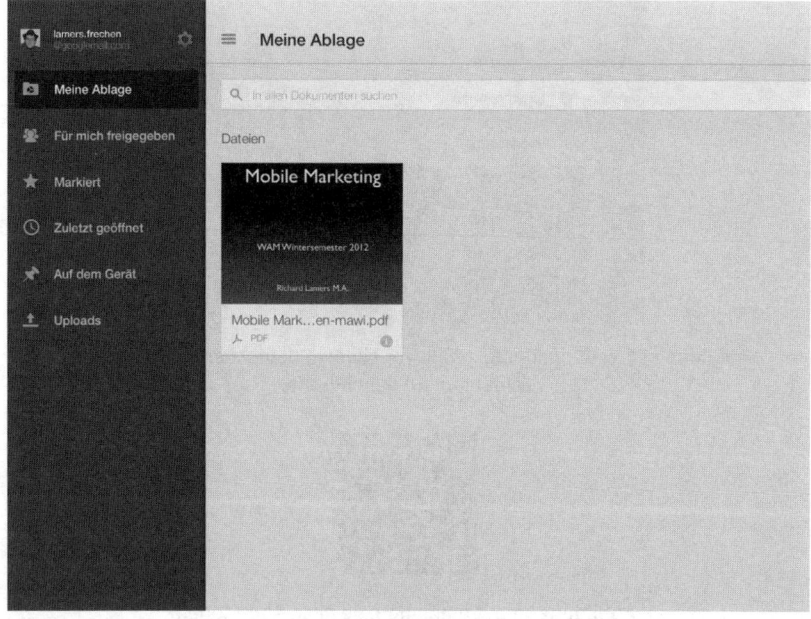

Abbildung 13.5: Google Drive ermöglicht schnell das Austauschen von Dokumenten.

Abbildung 13.6: Google Drive, kostenlos

14

Arbeiten in der Cloud

Komplexe Projekte benötigen das Know-how vieler Fachleute, die zunehmend selbstständig und flexibel arbeiten. Mit einigen Apps können Sie die Aufgaben innerhalb des Teams einfach miteinander abstimmen. Besonders nützlich ist dabei die Möglichkeit, Dokumente miteinander teilen und sogar in Echtzeit in der Gruppe bearbeiten zu können. Meetings, die eine lange Anreise bedingen, können somit vermieden werden. Apple stellt mit *iWorks for iCloud* prinzipiell schon eine praktikable Lösung bereit, die allerdings bei der Bearbeitung von Dokumenten auf dem Tablet nur wenige Möglichkeiten zum Formatieren bietet. Microsoft Office 365 hingegen bietet mit einigen Einschränkungen fast die gesamte Funktionalität der Desktop-Programme, ist aber sehr teuer. Eine Alternative dazu bieten die mittlerweile schon als klassisch zu bezeichnenden Cloud-Dienste an: Dropbox und Co. ermöglichen einfach und kostengünstig den Austausch von Dokumenten im Team, zur Bearbeitung nutzt jeder ein Programm seiner Wahl. Kommt es hingegen auf schnelle Aktualisierungen an, überzeugt *Asana Mobile*: Hat ein Teammitglied eine Datei verändert, werden Sie per Push-Nachricht darüber in Kenntnis gesetzt.

14.1 Der Platzhirsch Dropbox

Die Arbeit in der Gruppe muss aber natürlich nicht zwangsläufig bedeuten, dass Dateien in Echtzeit von mehreren Menschen bearbeitet werden müssen. Auch der Klassiker Dropbox eignet sich zum perfekten Austausch im Team. Der Vorteil des Cloud-Pioniers besteht darin, dass für jedes erdenkliche Betriebssystem ein sehr gut funktionierender Client zur Verfügung gestellt wird, der wenig Ressourcen verbraucht und dabei viel leistet. Die Vielfalt reicht über die mobilen Betriebssysteme auch zum Linux-Desktop, sodass das Team auch auf sehr unterschiedlichen Plattformen arbeiten kann. In gemeinsamen Ordnern werden Dateien für alle Nutzer mit entsprechenden Zugriffsrechten bereitgestellt, sodass ein Austausch einfach möglich ist. Auf iPad und iPhone gefällt zudem die tiefe Integration ins Betriebssystem: Sobald Sie ein Foto machen, kann es ganz automatisch in die Dropbox hochgeladen werden. Setzen Sie sich an Ihren Rechner, steht das Bild sofort zur Verfügung.

Abbildung 14.1: Die Dropbox dürfte wohl die größte Verbreitung unter den Kollaborations-Anwendungen haben.

Abbildung 14.2: Dropbox, kostenlos

Alternative zu Dropbox: Box

Auch *Box* bietet eine gut funktionierende Client-App für iPad, iPhone und Android. Im Vergleich zu Dropbox ist der kostenlose Speicher mit 10 GB erheblich größer. Innovativ ist auch die Nutzung sogenannter OnCloud-Apps: Dabei handelt es sich im Prinzip um kleinere Erweiterungen, die auch ein Bearbeiten von Dateien innerhalb von *Box* ermöglich. Weil nicht erst ein Import in eine andere App geschehen muss, können einige Zwischenschritte wie das erneute Hochladen des bearbeiteten Dokuments entfallen.

Abbildung 14.3: Box, kostenlos

Ordner mit Teamdrive synchronisieren

Als eindeutig professionelle Lösung eignet sich TeamDrive: Die Kollaboration-Software ermöglicht es, Dateien auf sehr vielen unterschiedlichen Geräten synchron zu halten. Dabei können Arbeitsräume für bestimmte Projekte angelegt und für bestimmte Nutzer dezidierte Zugriffsrechte erteilt werden. Gegenüber Dropbox bestehen zwei Vorteile: Zum einen werden die Daten sicher verschlüsselt. Insbesondere, wenn es sich nicht mehr nur um Urlaubsfotos, sondern bedeutende Geschäftsdokumente handelt, kann das ein wichtiges Thema sein – Dropbox war wegen des zweifelhaften Umgangs mit Nutzerdaten in der Vergangenheit verstärkt in die Kritik geraten. Der zweite Vorteil liegt darin, dass ein beliebiger Ordner eines Rechners synchronisiert werden kann. Dropbox hingegen erstellt seinen eigenen Ordner, in den die synchronisierten

Dokumente verschoben werden müssen. Der größte Nachteil dürfte allerdings darin bestehen, dass ein Client auch zwingend notwendig ist: Haben Sie iPhone oder iPad einmal nicht zur Hand, können Sie anders als bei den anderen Cloud-Diensten nicht via Browser auf die Daten zugreifen.

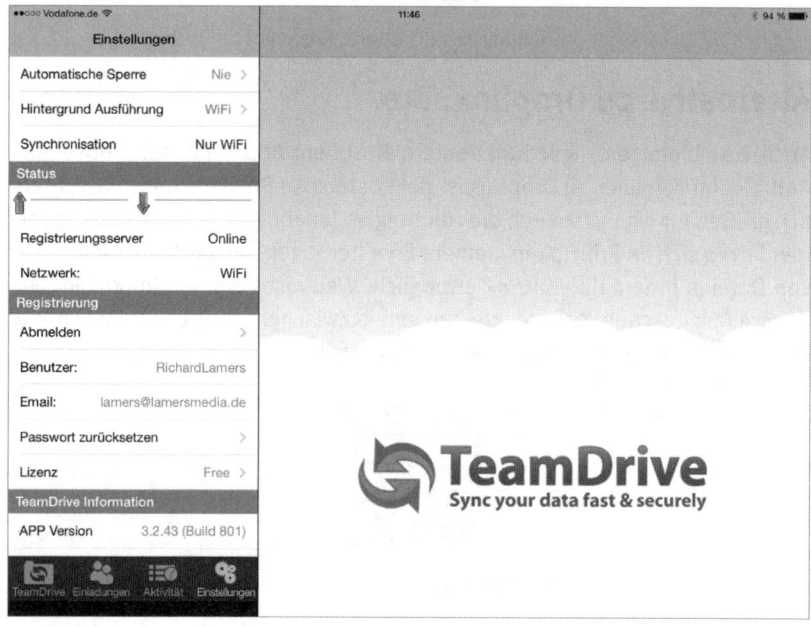

Abbildung 14.4: TeamDrive ermöglicht, unterschiedliche Zugriffsrechte zu vergeben.

Abbildung 14.5: TeamDrive, kostenlos, Erweiterungen möglich

Projektmanagement fürs Team: Podio

Eine Alternative dazu könnte auch *Podio* darstellen, wobei hier die Schwerpunkte etwas anders gesetzt sind: Bei *Podio* geht es nicht nur darum, einzelne

Dateien im Team auszutauschen oder gemeinsam mit Kollegen zu bearbeiten. Die App dient eher einem ganzheitlichen Projektmanagement und verfügt über wesentlich mehr Funktionen: So können beispielsweise auch Termine zu Meetings über die Applikation verbreitet oder To-do-Listen erstellt werden. Die App selbst ist dabei kostenlos und kann mit einem Dummy-Account auch recht ausgiebig getestet werden. Entscheiden Sie sich für die App, sind die Kosten aber nicht zu vernachlässigen: Satte 90 Dollar müssen für die Nutzung monatlich entrichtet werden.

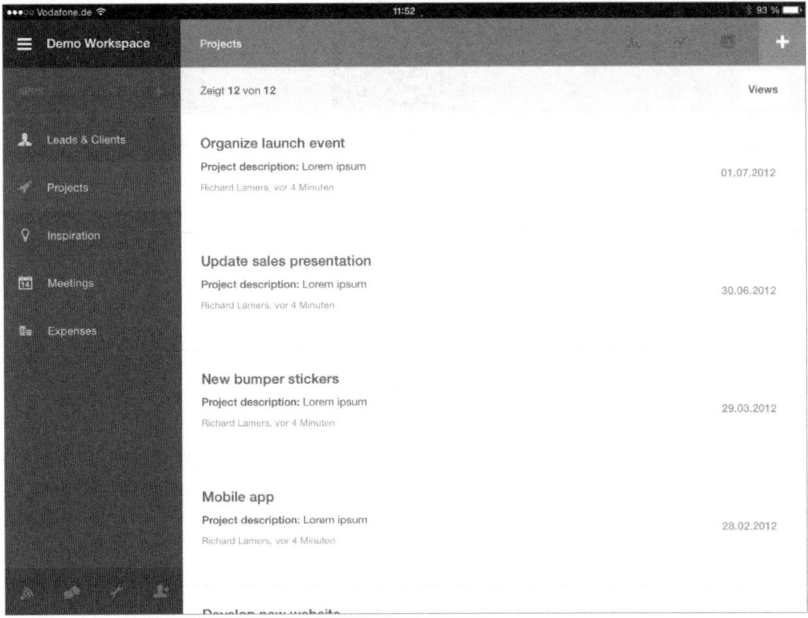

Abbildung 14.6: Podio ist ein komplettes Projektmanagement für Teams.

Abbildung 14.7: Podio, kostenlos, Erweiterungen möglich

Asana Mobile für eilige Projekte

Aufgaben können im Team auch über die kostenlose App *Asana Mobile* verteilt werden. Dabei hat jedes Teammitglied die Möglichkeit, die Dateien auch in der App zu bearbeiten. Die Besonderheit: Wurde ein Dokument editiert, können Sie per E-Mail oder Push-Nachricht über Dateiänderungen informiert werden. So bleiben Sie jederzeit auf dem neuesten Stand.

Abbildung 14.8: Asana, kostenlos, Erweiterungen möglich

15

Kontakt halten

Gerade bei Selbstständigen und Freiberuflern ist die Grenze zwischen Arbeit und Freizeit fließend. Da wundert es nicht, dass nahtlos nach der gemeinsamen Zusammenarbeit die gemeinsame Freizeit erfolgt. Vielleicht aber will man später komplett andere Menschen sehen. Für beide Szenarien haben die sozialen Medien einen festen Platz gefunden.

Vorteil Facebook: Hoher Verbreitungsgrad

Heute keine Seltenheit mehr ist eine Facebook-Gruppe zu jedem denkbaren Anlass. Glücklicherweise ist die für iOS erhältliche *Facebook*-App gut gelungen: Sie bietet praktisch die gesamte Funktionalität der Internetseite des beliebten sozialen Netzwerks: Egal ob die Chronik von Freunden angesehen, neue Freundschaftsanfragen versendet oder ein Chat gestartet werden soll – die App überzeugt durch eine intuitive Bedienung und verfügt über eine hohe Geschwindigkeit. Vor allem die tiefe Einbindung in das System schafft Vorteile; so können Sie ein geschossenes Foto ohne Umwege direkt als Statusmeldung bei Facebook hochladen.

Wenn bei Ihnen der Chat mit Facebook-Freunden im Vordergrund steht, ist die Installation des *Facebook-Messengers* ratsam: Bei der Nutzung des Messengers bekommen Sie die Nachrichten auch dann gemeldet, wenn die App nicht geöffnet ist. Prinzipiell funktioniert die App also beinahe wie das Verfassen von SMS – die sich auf regulärem Wege allerdings via iPad gar nicht versenden lassen. Anderen Messenger-Apps hat der *Facebook-Messenger* vor allem die Tatsache voraus, dass heute fast jeder Mensch einen Facebook-Account besitzt.

Abbildung 15.1: Facebook, kostenlos

Xing: Ortung der Geschäftspartner

Wenn Sie freiberuflich tätig sind, dürfte allerdings ein anderes Netzwerk einen größeren Stellenwert für Sie besitzen, als das bei Facebook der Fall ist: Bei Xing stellen Sie weniger Ihr Privatleben, als Ihren beruflichen Werdegang samt entsprechender Kompetenzen in den Vordergrund. Die App ist dabei übersichtlich aufgebaut und bietet im Vergleich zur Nutzung des Netzwerks über die Website sogar einen echten Mehrwert: Der »Handshake« ermöglichst es, den Freunden und Geschäftspartnern den eigenen Standort zu übermitteln, sofern sich andere Freunde mit ebenfalls aktiviertem Handshake in der Nähe befinden. Sind Sie also einmal unterwegs, können Sie sich einfach anzeigen lassen, wem Sie gerade ohne großen zeitlichen Mehraufwand einen Besuch abstatten können. Allerdings können nicht alle Funktionen der App kostenfrei verwendet werden. So ist es beispielsweise möglich, einzusehen, wer Ihre Seite besucht hat; detaillierte Auskünfte werden aber nur in der Premium-Version der App übermittelt. Praktisch ist wiederum die Suchfunktion, mit der der Sinn eines solchen Business-Netzwerks noch einmal deutlich wird: Sie können Ihre Mitgliederliste nicht nur nach Namen, sondern auch nach Schlagworten durchforsten, die dem gesuchten Tätigkeitsfeld entstammen. Praktisch ist auch die Nachrichten-Funktion, durch die Sie mit Ihren Xing-Freunden jederzeit in Kontakt bleiben können.

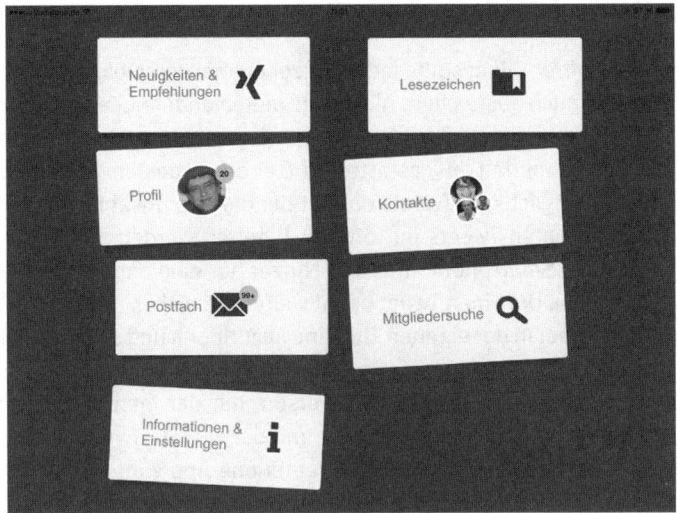

Abbildung 15.2: Geschäftskontakte lassen sich am besten über Xing managen.

Abbildung 15.3: Xing, kostenlos

15.1 Tweets lesen oder schreiben

Sollten Sie freiberuflich und eher im kreativen Bereich arbeiten, kann auch Twitter ein nützliches Instrument sein, um auf sich und die eigene Arbeit aufmerksam zu machen. Weil es Twitter gerade darum geht, sich und auch banale Dinge des Alltags einer breiten Öffentlichkeit mitzuteilen, ist hier eine entsprechend App praktisch Pflicht, sofern Sie nicht den ganzen Tag an Ihrem Rechner sitzen. Für iOS gibt es gleich eine Vielzahl unterschiedlicher Apps, die auf Ihren Twitter-Account zugreifen können.

Der Original-Twitter-Client

Den Original-*Twitter*-Client sollte jeder Nutzer einmal getestet haben. In vielen Fällen dürfte er auch ausreichen. Allerdings bieten andere Clients optisch und funktional mehr. Um dies auszugleichen, hat Twitter jüngst seine iPhone-App mit einer neuen Funktion ausgestattet: Nutzer der neuesten Version der App haben nun die Möglichkeit, Tweets direkt über die App privat mit Freunden zu teilen. Bisher konnten Tweets nur öffentlich geteilt werden. Für eine private Weiterleitung am Smartphone mussten Nutzer auf eine andere Nachrichten-App zurückgreifen. Um einen Tweet privat weiterzuschicken, reicht es aus, den gewünschten Tweet in der eigenen Timeline anzutippen und so lange gedrückt zu halten, bis ein Menü aufgeht. Dort kann der Nutzer nun die Funktion VIA DIREKTNACHRICHT TEILEN auswählen. Die Person, mit der man den Tweet teilt, erhält anschließend eine Push-Nachricht und der geteilte Tweet wird direkt in der Konversation angezeigt. In der Twitter-iPhone-App wird jetzt auch angezeigt, wie gut ein Tweet ankommt. Dafür hat Twitter die Analytics-Daten in seine iPhone-App implementiert. Zu finden ist die Funktion in der Detail-Ansicht eines Tweets (VIEW TWEET ACTIVITY).

Abbildung 15.4: Die native Twitter-App reicht für die meisten Anwender vollkommen aus.

Abbildung 15.5: Twitter, kostenlos

Schöne Optik: Twitterific

Twitterific überzeugt durch eine tolle Optik, die den Platz des iPads gut nutzt und dabei klar strukturiert ist. Dass nur die Grundfunktionen geboten werden, dürfte die meisten User nicht stören – wohl aber die zum Teil unnötig umständliche Bedienung: Tippt man auf einen Tweet, öffnet sich zunächst ein weiteres Kontextmenü, das über die Funktionen informiert. Das wäre nicht unbedingt notwendig gewesen – andere Apps lösen das etwas einfacher.

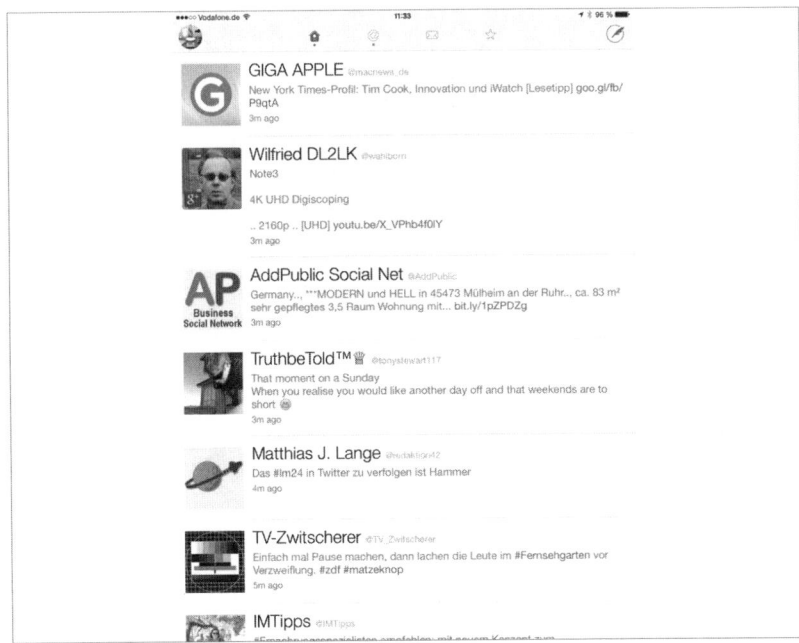

Abbildung 15.6: Twitterific: schön – aber nicht mit komplett überzeugender Funktionalität

Abbildung 15.7: Twitterific, kostenlos, Erweiterungen möglich

Besteht den Praxistest: Tweetbot

Das wäre zum Beispiel die Alternative *Tweetbot*: Hier zeigt ein Antippen des Tweets in der Vorschau bereits die komplette Meldung. Dabei werden dann unauffällig weitere Optionen wie das Kopieren des Tweets oder das Ausblenden aller Meldungen mit demselben Themenbezug ermöglicht. Power-User werden die vielfältigen Optionen zu schätzen wissen; wenn Sie Twitter hingegen nur sporadisch nutzen, könnten Sie sich aufgrund der Fülle an Möglichkeiten auch leicht überfordert fühlen.

Abbildung 15.8: Tweetbot, 2,99 €

16

Kommunikation

Mikrofon, Lautsprecher und optional auch ein UMTS- oder gar LTE-Modem – prinzipiell hat jedes iPad das Potenzial, auch zum Telefonieren verwendet zu werden. In Verbindung mit einem Bluetooth-Headset könnte das sogar recht komfortabel möglich sein. Apple ist da leider anderer Meinung und hat die Aufgaben klar verteilt: Zur Telefonie soll das iPhone verwendet werden; die Domäne des iPads ist das mobile Surfen und der Konsum von Multimedia-Inhalten. Mit einigen hier vorgestellten Apps sind Gespräche allerdings durchaus machbar.

16.1 FaceTime im Einsatz

Über eine Datenleitung können Voice-over-IP(VoIP)-Dienste in Anspruch genommen werden. Sogar Apple selbst hat eine entsprechende App auf den Geräten vorinstalliert, um die Telefonie auf diesem Wege zu ermöglichen. Unter dem Namen *FaceTime* findet sich der Dienst auf jedem Endgerät des Herstellers. Allerdings: So richtig überzeugen konnte die Anwendung bisher nicht. Denn mit dem Willen, die Videotelefonie neu zu erfinden, wurden auch besonders hohe Standards eingeführt. Anfangs funktionierte der Dienst nur in einem WLAN – Schuld war der hohe Datentraffic von etwa fünf Megabytes pro Minute. Deutlich zu viel für die üblichen Datenflats, die meist um 200 MB bis

1 GB je Abrechnungsmonat beinhalten. Auch wenn *FaceTime* mittlerweile via 3G genutzt werden kann, ist das also wenig empfehlenswert.

FaceTime Audio

Mit der Einführung von iOS 7 wurde aber auch die Funktionalität überarbeitet: Seitdem kann die Datenrate über *FaceTime Audio* deutlich reduziert werden. Möglich wird das durch den Verzicht auf die Bildübertragung, wodurch der Datendurchsatz auf rund ein Zehntel reduziert werden kann – 0,5 MB je Gesprächsminute erscheinen akzeptabel, zumal unabhängig vom Standort auch keine weiteren Kosten anfallen. Allerdings ändert das nichts an einer immensen Einschränkung, die die Nutzung von *FaceTime* nur für wenige User interessant machen dürfte: Die App steht nicht plattformübergreifend zur Verfügung. Sie können also mit Ihrem iPad keinen Geschäftspartner oder Kunden via *FaceTime* anrufen, der über ein Endgerät mit Android-Betriebssystem verfügt. Und selbst wenn der Gesprächspartner ein iPhone oder iPad nutzt, muss mindestens iOS in der Version 7 verwendet werden. Sofern die technischen Voraussetzungen erfüllt sind, entschädigt *FaceTime* dafür mit einer exzellenten Sprachqualität, die hörbar über jener von Telefonaten im Mobilfunknetz liegt.

Abbildung 16.1: FaceTime kann auch als reiner Audio-Kanal genutzt werden. Vielleicht ist das manchmal besser.

16.2 Der Klassiker: Skype

Der Klassiker für VoIP-Telefonie und deutlich universeller als *FaceTime* ist hingegen *Skype*: Mit einer speziellen iPad-App kann der im Vergleich zum iPhone größere Bildschirm auch perfekt genutzt werden. Möglich ist dann Videotelefonie sowohl im WLAN als auch im 3G-Netz sowie klassisches Text-Messaging. Letzteres funktioniert sogar dann, wenn die Anwendung selbst gar nicht geöffnet ist. Die Qualität der Videoübertragung wird dabei dem Netz angepasst, um auch bei einer mobilen Verbindung die Menge der übertragenen Daten in Grenzen zu halten.

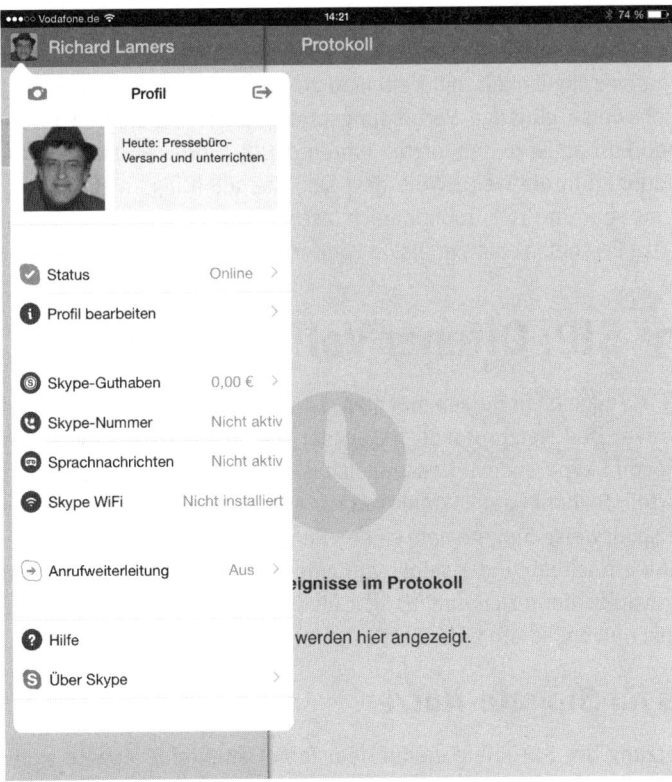

Abbildung 16.2: Skype gilt als Urgestein im VoIP und hat bereits einige Höhen und Tiefen erlebt.

Abbildung 16.3: Skype, kostenlos

Besitzen Sie ein iPad 4, ist sogar eine Bildübertragung in HD möglich. In der Praxis überzeugt vor allem aber die Möglichkeit, kostenlose Telefonate in alle Welt führen zu können. Weil Skype auf sämtlichen Plattformen vertreten ist, spielt das Endgerät des Gesprächspartners keine Rolle. Außerdem lassen sich via Skype auch Gespräche ins Fest- oder Mobilfunknetz führen, was aus zwei Gründen interessant sein könnte: Zum einen besteht, wie bereits erwähnt, keine native Möglichkeit, mit dem iPad zu telefonieren. Zum anderen locken vergleichsweise günstige Verbindungspreise: Das Telefonieren in Deutschland und Europa ist in den letzten Jahren deutlich preiswerter geworden; für Verbindungen in die weite Welt lässt sich das allerdings nicht behaupten – zum Preis von rund 12 Euro monatlich lassen sich derzeit unbegrenzt Gespräche in das Festnetz von mehr als 60 Ländern führen.

16.3 SIP: Offener VoIP-Standard

Wenn Sie Skype nicht nutzen möchten, ist auch SIP als offener Standard eine Alternative. Das Netzprotokoll ist besser dokumentiert als die proprietäre Lösung von Skype und wird auch gleich von mehreren Anbietern unterstützt. Der Vorteil: Selbst in der kostenlosen Variante erhalten Sie von Unternehmen wie beispielsweise Sipgate eine eigene Rufnummer mit Ortsvorwahl, über die Sie dann erreichbar sind – selbst von einem herkömmlichen Festnetztelefon aus. Prinzipiell ließe sich damit sogar ein iPad ohne 3G- oder 4G-Modem zur Telefonie nutzen, sofern sich ein WLAN-Hotspot in der Nähe befindet.

Apps für Sipgate-Nutzer

Zur Nutzung der SIP-Telefonie auf dem Tablet empfiehlt Sipgate explizit die Apps *3CX*, *Bria* und *iSIP*. Sollten Sie die Möglichkeit der SIP-Telefonie einmal ausprobieren wollen, stellt *3CX* wohl die beste Wahl der drei vorgeschlagenen

Applikationen dar: Als einzige der vorgestellten Apps ist *3CX* vollkommen kostenlos und bietet trotzdem alle notwendigen Funktionen. Optisch ähnelt der Aufbau den Telefonie-Apps vieler Smartphones; die Übersichtlichkeit ist hervorragend. Gleichzeitig können fünf Leitungen genutzt werden, sodass auch Konferenzschaltungen möglich sind. Die App *iSip* ist nicht gratis, dafür können hier mehrere SIP-Accounts genutzt werden. Auch *Bria* kann nur gegen Gebühr installiert werden, ist dann allerdings auch die beste Applikation für die SIP-Telefonie. Über *Bria* steht gegen Aufpreis ein Audiocodec (G729) zur Verfügung, der die Sprachqualität weiter verbessert. Außerdem ist sogar Videotelefonie integriert, ohne dass der Gesprächspartner an ein Apple-Produkt gebunden ist. Alles in allem wird die VoIP-Telefonie mit dem iPad das Festnetztelefon genauso wenig ersetzen wie das Smartphone; vor allem für Auslandsgespräche handelt es sich aber um eine kostengünstige und nützliche Ergänzung.

Abbildung 16.4: 3CX ist eine Sipgate-konforme App.

Abbildung 16.5: 3CX, kostenlos

Abbildung 16.6: Bria, 12,99 €

Abbildung 16.7: iSIP, 5,99 €

16.4 Konferenzschaltung schnell eingerichtet

Ein weiterer Vorzug der VoIP-Telefonie besteht in den beinahe unbegrenzten Möglichkeiten von Konferenzschaltungen. Sofern Sie freiberuflich arbeiten, wird Ihr Festnetzanschluss vermutlich technisch jenen Lösungen entsprechen, die auch Privatkunden angeboten werden. Die preiswerten Business-Tarife der meisten Provider stellen einen herkömmlichen Router zur Verfügung, der in der Regel nur zwei Leitungen zur Telefonie bereithält. Selbst wenn technisch Voice over IP genutzt wird, was auch bei immer mehr Festnetzanschlüssen der Fall ist, wird häufig noch eine externe Telefonanlage benötigt. Über das iPad sind Konferenzschaltungen hingegen kein Problem: Mit einem Sipgate-Account können Sie einfach auf zwei unterschiedlichen Leitungen Gesprächsteilnehmer anrufen und während des laufenden Telefonats »*5« drücken – danach werden Sie mit den beiden Einzeltelefonaten zu einer Konferenz zusammengeschaltet.

16.5 Textmessaging mit dem iPad

Doch die Kommunikation muss ja nicht immer verbal geschehen: Auch für das Textmessaging jenseits der klassischen Mail ist das iPad gerüstet. Der Trend, zur Kommunikation über Nachrichten nicht mehr das Mobilfunknetz zu nutzen, hat sich zum Ärger der Netzbetreiber in den letzten Jahren deutlich verstärkt. Die klassische SMS wird von immer weniger Menschen genutzt, weil die Nachteile letztlich überwiegen: Alle 160 Zeichen wird eine Verrechnungseinheit fällig; wer keine Flatrate besitzt oder Kurznachrichten in das Ausland versendet, kann seine Mobilfunkrechnung schnell empfindlich erhöhen.

Apples Angebot: iMessage

Apple bietet auf seinen Geräten den Dienst *iMessage*: Zwischen Apple-Geräten können so kostenlos Nachrichten verschickt werden, die einfach die Datenleitung des iPhones oder iPads nutzen. Aus diesem Grund ist auch eine Version mit eingebautem 3G-Modem nicht unbedingt notwendig; ein WLAN-Hotspot reicht vollkommen aus. Besonders praktisch ist die Tatsache, dass die Nachrichten nicht mit der Telefonnummer, sondern der Apple-ID verknüpft sind. Dadurch ist auch eine parallele Nutzung mit mehreren Endgeräten des Unternehmens möglich.

Was ist mit WhatsApp?

Der bekannte Messenger *WhatsApp* hat genau hier seine Schwierigkeit: Jedes weitere Smartphone oder Tablet bedingt eine neue Nummer und damit einen zweiten Account.

Der Vorteil von *iMessage* ist zweifelsfrei die nahtlose Verknüpfung von kostenfreien Push-Messages zwischen verschiedenen Apple-Geräten und normalen SMS-Diensten an Handys oder Smartphones mit alternativen Betriebssystemen – zumindest bei der Nutzung mit dem iPhone.

16.6 SMS in alle Netze versenden

Etwas universeller ist hier schon die App *Text Me!*: Der Aufforderung, Nachrichten zu schreiben, können Sie auch nachkommen, wenn der Chatpartner ein Android-Smartphone besitzt. Kosten entstehen nicht, solange Sie über die Werbeinblendungen hinwegsehen wollen – ansonsten steht im App Store auch eine kostenlose, werbefreie Variante zur Verfügung. Wenn Sie kein Freund der Texteingabe über den Touchscreen sind, trotzdem aber nicht auf umfangreiche Nachrichten verzichten wollen, können Sie auch vom Rechner aus über das Internet Messages schreiben. Abgerundet wird das Angebot von der ebenfalls kostenfreien Möglichkeit zur HD-Videotelefonie. Der Nachteil von *Text Me!* besteht aber darin, dass die App auch von der Gegenseite installiert sein muss, derzeit aber noch eine geringe Verbreitung besitzt. Konkret wird es wohl häufig nötig sein, den Chatpartner davon überzeugen zu müssen, die App auch zu installieren.

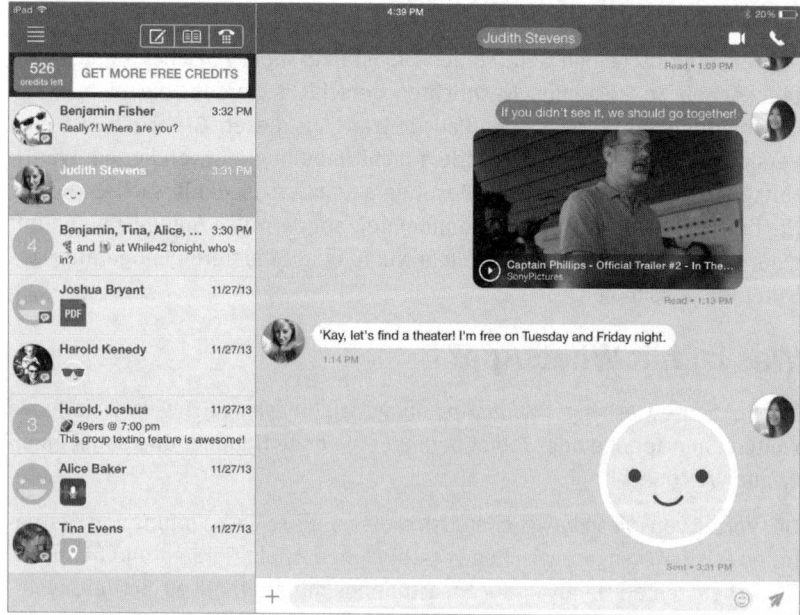

Abbildung 16.8: Text Me! erlaubt auch das Versenden von SMS.

Abbildung 16.9: Text Me!, kostenlos, Erweiterungen möglich

Immerhin: Ein Versenden von herkömmlichen SMS ist via *Text Me!* auch möglich, dann aber nicht mehr kostenfrei. Via iTunes müssen sogenannte »Text Me!-Credits« gekauft werden, die dann auch einen Messageversand in alle Netze erlauben. Damit wird aber immerhin überhaupt ein SMS-Versand über das iPad ermöglicht, zudem kann auch eine eigene Nummer vergeben werden. Darüber ist der Empfang der Kurznachrichten auch dann möglich, wenn der Gegenüber die App nicht verwendet.

Noch eine SMS-App

Eine Alternative dazu stellt *SMS Magic for iPad* dar: In der Tat ist auch hier das Versprechen beinahe magisch, den Nutzern eine Funktionalität anzubieten, die Apple selbst seinen Kunden vorenthält. Auch hier bekommen Sie eine Nummer zur Verfügung, von der Sie die SMS versenden können. Mehr noch: Sie können aus insgesamt 20 unterschiedlichen Nummern wählen und diese auch jederzeit ändern. Was zunächst überflüssig klingt, verfolgt in Wirklichkeit einen klugen Gedanken: Die Nummern stammen aus unterschiedlichen Ländern. Wenn Ihnen also ein Gesprächspartner aus den USA oder England auf eine Nachricht antworten möchte, zahlt er dafür nur die Inlandsgebühren. Weil es sich dabei um ganz herkömmliche SMS handelt, gibt es also auch keine besonderen Anforderungen an die Hardware der Kommunikationspartner – selbst ein herkömmliches Handy reicht somit aus. Der Haken an der Sache: Die App selbst ist genauso wie die Nutzung kostenpflichtig und dabei nicht einmal besonders günstig. Ein SMS-Paket mit 200 Inklusivnachrichten kostet 20 Euro, was für die Einzelnachricht von 160 Zeichen einen Preis von 10 Cent bedeutet. In Zeiten von Flatrates und SMS-Preisen um die 6 Cent ist das kein Schnäppchen. Ärgerlich sind leider auch funktionelle Schwächen der App: Ein Gesprächsverlauf, wie er seit vielen Jahren zum Standard auf jedem Gerät gehört, ist nicht einsehbar. Stattdessen werden die Nachrichten getrennt in einem Posteingang und einem -ausgang gespeichert, wie es bei einfachen

Handys vor langer Zeit üblich war. Sollte Ihnen der SMS-Versand vom Tablet aber wichtig sein oder sitzen Ihre Geschäftspartner im Ausland, kann sich die Nutzung hingegen durchaus lohnen.

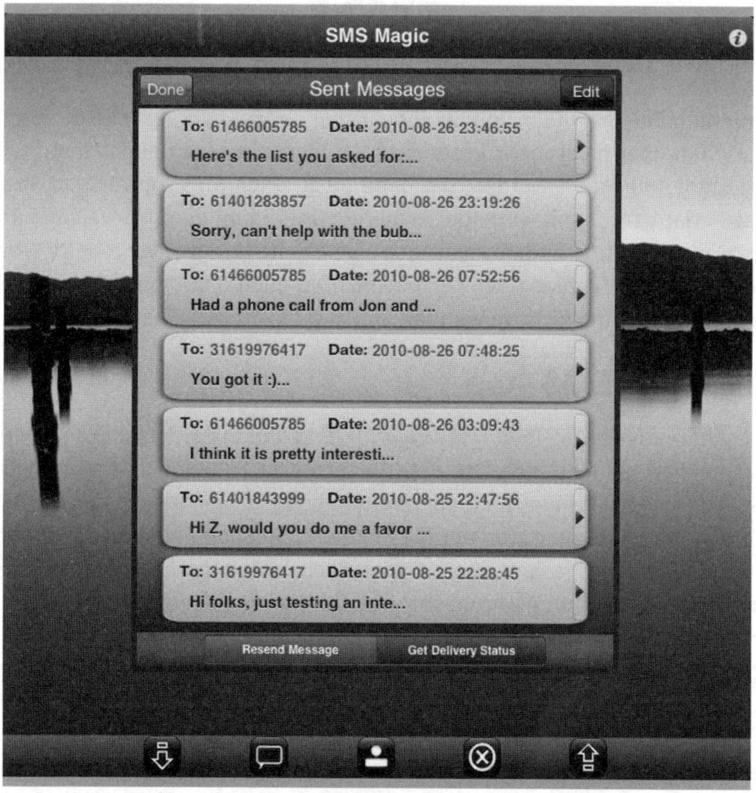

Abbildung 16.10: SMS Magic ist einen Versuch wert.

Abbildung 16.11: SMS Magic, 2,99 €

Threema: Sicherer Messenger

Keinesfalls fehlen darf bei dieser kurzen Übersicht die App *Threema*: Der Messenger ähnelt der Applikation *WhatsApp*, hat im Vergleich zum offensichtlichen Vorbild aber mindestens zwei erhebliche Vorteile. Erstens kann *Threema* auf dem iPad installiert werden, was bei *WhatsApp* nur über Umwege und nicht ohne Risiken und Einschränkungen möglich ist. Zweitens werden die Nachrichten sicher verschlüsselt, was insbesondere im geschäftlichen Einsatz ein ernst zu nehmendes Argument darstellen kann. Besonders bei sensiblen Informationen ist eine Nutzung vieler als nur mäßig sicher bekannten Messenger äußerst fragwürdig. *WhatsApp* geriet hingegen in der letzten Zeit in die Kritik, seit dem Aufkauf des Unternehmens durch Facebook fürchten viele User um die Sicherheit ihrer Daten. Die Funktionalität umfasst neben einfachen Chats auch Konversationen in der Gruppe und ermöglicht zudem auch das Verschicken von Bildern und anderen Dateien.

16.7 Fazit: Das iPad ist kommunikativ

Apple hatte es sich ganz einfach gedacht: Zur mobilen Kommunikation wird das iPhone verwendet; zum Lesen und Surfen das iPad. Selbst für jene Varianten des Tablets, die über ein UMTS- oder LTE-Modem verfügen, ist eine Kommunikation im weiteren Sinne nicht vorgesehen. Durch die eigenen Dienste *FaceTime* und *iMessage* ist zwar das Schreiben von Nachrichten und sogar die Videotelefonie möglich; der Kreis der Gesprächspartner wird dabei aber sehr deutlich auf Besitzer eines iOS-Endgeräts eingeschränkt. Der Versand von Messages ist über diverse Applikationen auch über Plattformgrenzen hinweg möglich – sofern Sie sich mit den Kommunikationspartnern auf eine bestimmte App einigen können. Dieselbe Einschränkung gilt prinzipiell auch bei der VoIP-Telefonie. Wenn Sie herkömmliche SMS in das Mobilfunknetz versenden oder Gespräche in die Telefonnetze führen möchten, stehen Ihnen viele Apps zur Verfügung, die das iPad in ein kommunikatives Multitalent verwandeln.

17

Bücher und Zeitschriften

Zu den nützlichsten Funktionen des iPads gehört der Einsatz als E-Book-Reader: Insbesondere die Geräte mit Retina-Auflösung überzeugen durch eine scharfe Darstellung, auch wenn es sich um kleine Schriften handelt. Hinzu kommt die gute Ausleuchtung der Displays aller Apple-Tablets, die eine Nutzung auch im Freien ermöglicht – lediglich einer zu intensiven Sonneneinstrahlung ist die Hintergrundbeleuchtung nicht immer gewachsen. Dabei haben Sie mittlerweile eine große Auswahl an Literatur: Beinahe jedes Buch erscheint auch in einer digitalen Fassung; auch Zeitschriften sind heute fast ausnahmslos als sogenanntes »E-Paper« erhältlich. Die große Marktmacht von Apple stellt für die Kunden einen weiteren Vorteil dar: Viele Herausgeber optimieren die Darstellung speziell für das iPad. Auch als Newsreader ist das Tablet wie geschaffen: Mit RSS-Feeds bleiben Sie unterwegs in Ihrem Fachgebiet auf dem aktuellen Stand der Dinge. Dabei überzeugen die Apps nicht nur durch eine übersichtliche Darstellung und Verwaltung der Meldungen, sondern auch durch den reduzierten Datenverkehr: Würden Sie jede abonnierte Website über den Browser aufrufen, wäre Ihr mobiles Datenvolumen schnell erschöpft.

17.1 Fachmagazine als App

Dabei gibt es durchaus unterschiedliche Möglichkeiten, entsprechende Magazine zu beziehen. *Der Spiegel* beispielsweise bietet seinen Abonnenten eine eigene App, die dem Bezug des E-Papers dient.

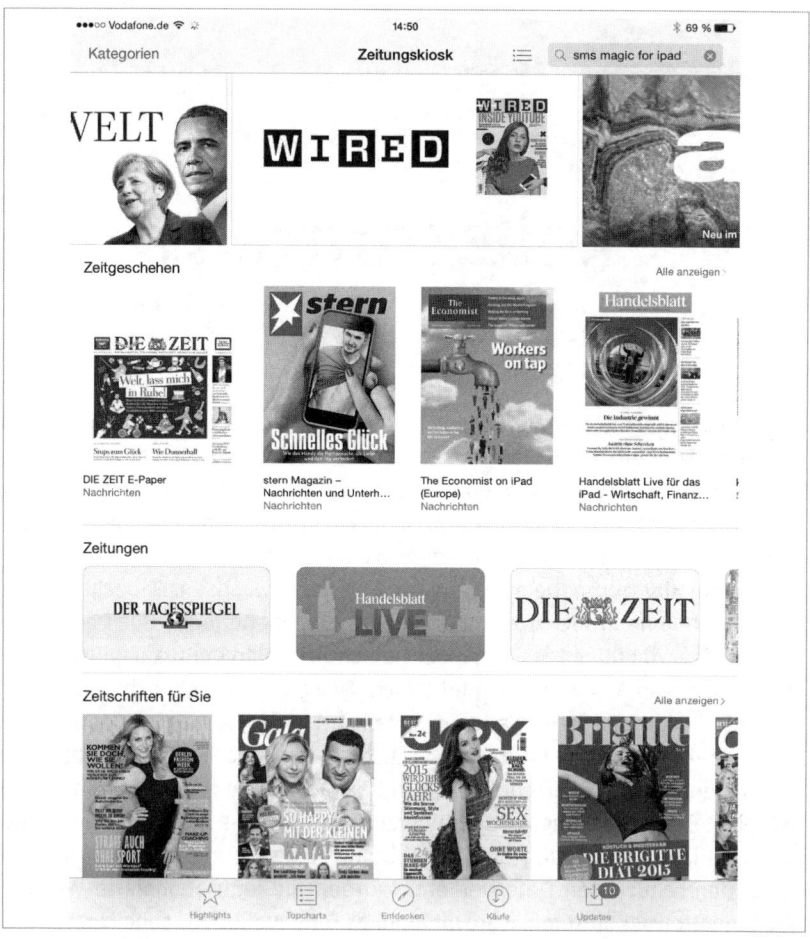

Abbildung 17.1: Mit Apples Zeitungskiosk stehen dem Leser zahlreiche Publikationen zur Verfügung – gegen Bezahlung natürlich.

Zu den Vorzügen gehört die Tatsache, dass die Zeitschrift auf diesem Wege bereits am Sonntag gelesen werden kann, am Kiosk hingegen erst am Montag die aktuelle Ausgabe erhältlich ist. Zudem kann noch etwas Geld gespart werden – wobei dieser Effekt mit lediglich rund zehn Prozent gegenüber der gedruckten Variante gering ausfällt. Eine der Ursachen – und das gilt für alle digitalen Publikationen – dürfte der unterschiedliche Mehrwertsteuersatz sein: Während für eine gedruckte Zeitschrift der ermäßigte Steuersatz von sieben Prozent erhoben wird, fallen für ein E-Paper die vollen 19 Prozent an. Selbst Zeitschriften wie das *Spektrum der Wissenschaft*, die eine weniger breite Leserschaft erfassen dürfte als das Hamburger Nachrichtenmagazin, verfügen durchaus über eine eigene App, die die Lesbarkeit der gesamten Artikel auf dem iPad ermöglicht. Zusätzlich werden die Themen meist um weitere Multimedia-Inhalte wie Videos oder Weblinks ergänzt.

17.2 iKiosk verschafft Marktüberblick

Verschiedene Zeitschriften werden beispielsweise im »iKiosk« offeriert: Dabei sollten Sie sich nicht daran stören, dass der iKiosk vom Axel Springer Verlag angeboten wird, das Sortiment umfasst nämlich auch Formate anderer Verlage. Die *Süddeutsche Zeitung* wird dort ebenso angeboten wie die Tageszeitung oder *Die Zeit*. Und auch wenn es etwas spezieller werden soll, können Sie bei iKiosk fündig werden: *Mein Pferd* und *Kutter & Küste* sind dort ebenso erhältlich. Sie müssen dabei keine Zeitschriften abonnieren, sondern können auch einzelne Ausgaben kaufen. Was allerdings etwas negativ auffällt: Alle Zeitungen und Zeitschriften sind nur als einfache PDF verfügbar. Zwar können sie gegenüber früheren Versionen der App mittlerweile lokal auf dem Gerät abgespeichert werden, zusätzliche Medieninhalte können aber nicht aufgerufen werden. Sollte die Zeitschrift Ihrer Wahl also durch eine eigene App der Redaktion verfügen, sollten Sie diese dem Zeitungskiosk vorziehen. Die Kernkompetenz der App liegt in der Auswahl, die derzeit rund 350 verschiedene Formate bereithält. Wenn Sie also einfach einmal wissen wollen, welche Magazine bereits als E-Paper verfügbar sind, schafft der Zeitungskiosk eine recht umfangreiche Marktübersicht.

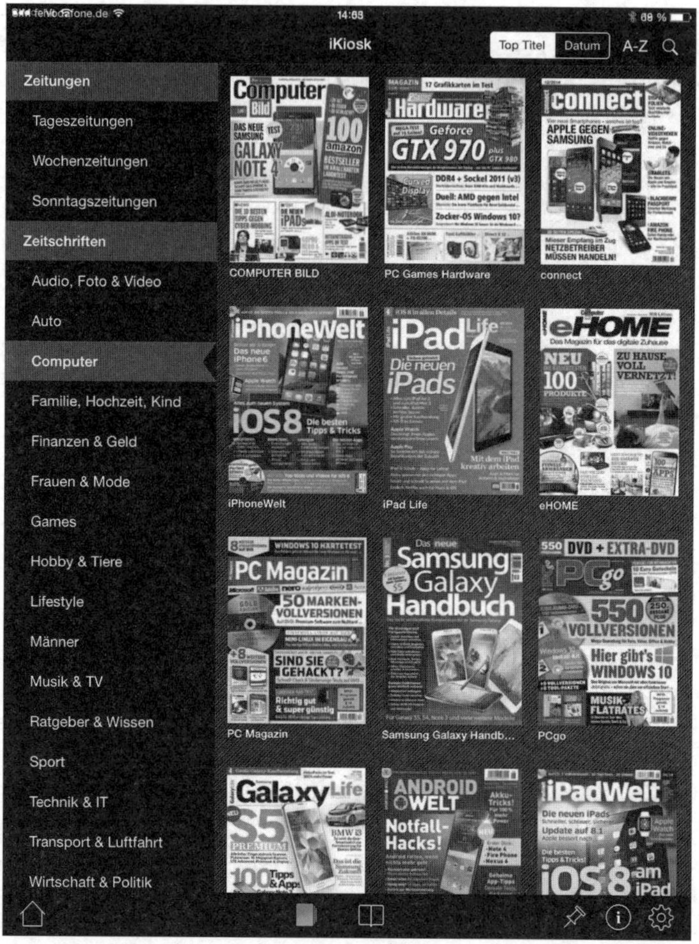

Abbildung 17.2: Dank iKiosk ist kein Papier mehr notwendig.

Abbildung 17.3: iKiosk, kostenlos

17.3 Zinio: Mehr als 5.000 Fachzeitschriften

Vergleichbar mit dem iKiosk ist die App *Zinio*: Der entscheidende Unterschied zu *iKiosk* liegt darin, dass bei *Zinio* mehr als 5.000 verschiedene Fachzeitschriften erhältlich sind, weil dort auch internationale Magazine angeboten werden. Vor allem, wenn Sie also sehr spezielle, englischsprachige Publikationen bevorzugen oder sich einmal eine Übersicht über den Gesamtmarkt verschaffen wollen, sei Ihnen die kostenlose Anwendung ans Herz gelegt.

Abbildung 17.4: »Zinio« ist international.

Abbildung 17.5: Zinio, kostenlos, Erweiterungen möglich

17.4   Feedly für RSS-Feeds

Doch das Lesen mit dem iPad beschränkt sich natürlich nicht nur auf E-Books und E-Paper – vor allem mit News können Sie sich unterwegs updaten. Dabei besteht der Vorteil neben der hohen Aktualität vor allem darin, dass Sie sich durch sehr viele unterschiedliche Nachrichtenquellen einen Überblick verschaffen können.

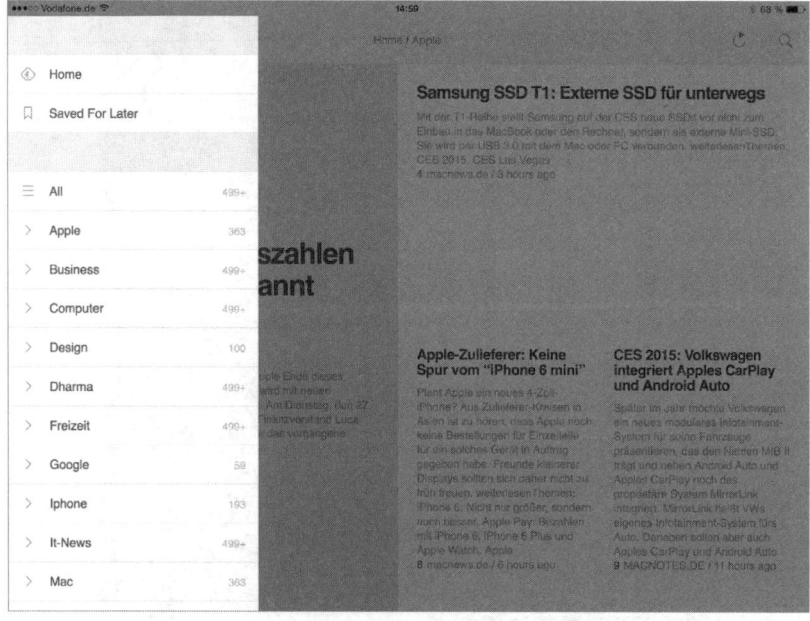

Abbildung 17.6: Mit Feedly lassen sich RSS-News leicht ordnen.

Abbildung 17.7: Feedly, kostenlos

Um nicht eine Reihe verschiedener Internet-Seiten aufrufen zu müssen, eignen sich RSS-Feeds: Dabei werden nur die relevanten Inhalte zusammengetragen, die zudem noch eine geringe Datengröße besitzen – was speziell bei beschränktem mobilen Datenvolumen ein unschätzbarer Vorteil ist. Außerdem können Sie mit RSS viele unterschiedliche Newsmeldungen aus verschiedenen Themenbereichen in nur einer App verwalten. Mit einem besonders tollen Look überzeugt dabei *Feedly*: Hier können alle abonnierten Feeds besonders übersichtlich und auch optisch ansprechend dargestellt werden. Nach verschiedenen Kategorien sortiert, bekommen die Meldungen die Darstellung eines aufgeräumten Magazins. Die Verwaltung ist durch verschiedene Kategorien möglich, die Sie als Nutzer selbst bestimmen können. So legen Sie beispielsweise besonders interessante, gespeicherte Meldungen an einem separaten Ort ab.

17.5 Mehr Übersicht: NewsBlur

Einen etwas anderen Schwerpunkt legt die App *NewsBlur*: Hier stehen eindeutig die Inhalte im Vordergrund: Verschiedene RSS-Feeds können sehr übersichtlich verwaltet werden. Zudem ist die Darstellung sehr schlicht und die Bedienung über eine Reihe unterschiedlicher Shortcuts nach einer kurzen Phase der Eingewöhnung sehr intuitiv. Allerdings: In der kostenlosen Varianten können maximal 64 Feeds abonniert werden; darüber hinaus müssen Sie sich für die gebührenpflichtige Premiumvariante entscheiden.

Abbildung 17.8: NewsBlur, kostenlos, Erweiterungen möglich

17.6 Bücher von Amazon und Google

Um Fachbücher zu erhalten, stehen natürlich ebenfalls verschiedene Shops zur Verfügung: Als standardmäßige Quelle für Multimedia-Inhalte auf einem iPad bietet sich selbstverständlich iTunes an; aber auch Branchenriese Amazon ist mit *Kindle* vertreten. Selbst Apples Konkurrent darf seine Bücher auf dem iPad verkaufen: Google Play Books findet sich ebenfalls im App Store. Woher Sie die Bücher beziehen, ist prinzipiell nicht von sehr großer Bedeutung. Denn anders als bei einem kleinen Buchladen in der Innenstadt können Sie davon ausgehen, jedes E-Book auch bei allen drei Shops zu erhalten. Die Preise unterscheiden sich zudem auch nicht, weil die Preisbindung für Bücher sich derzeit in Deutschland auch noch auf E-Books erstreckt. Allerdings: Amazon bietet vielfach Bücher als sogenannte »Kindle-Edition« an. Dabei handelt es sich formell um eine Sonderausgabe mit Amazon als Herausgeber. Der Nebeneffekt: Der Preis kann neu festgelegt werden, auf diese Weise sind in einigen Fällen dann auch Preisreduktionen möglich.

Kindle auf dem iPad

Ein weiterer Aspekt betrifft die Lesbarkeit: Übliche Dateiformate für E-Books lauten PDF oder Epub, lediglich Amazon klinkt sich dabei aus: Die über den Buchversand gekauften E-Books sind nur in der *Kindle*-App lesbar. Weil der Funktionsumfang allerdings durchaus gefällt, ist das nicht unbedingt ein Problem. Sie können beim Lesen mit der *Kindle*-App die Hintergrundfarben und Helligkeiten genauso verändern wie die Schriftgröße; das Setzen von Lesezeichen ist natürlich ebenso möglich. Interessant ist auch die Verknüpfung mit einem Wörterbuch: Indem Sie ein Wort berühren, erhalten Sie gleich eine Erklärung der Bedeutung. Besonders bei Literatur in fremder Sprache kann ein Wörterbuch somit leicht ersetzt werden. Positiv anzumerken ist auch, dass Sie mit dem Kauf eines Buches bei Amazon auch gleich den Speicherplatz in der Cloud mitbezahlen. Sie können das E-Book auch im Internet oder mit einem anderen Endgerät erneut abrufen, sollten Sie Ihr iPad einmal nicht zur Hand haben. Besonders praktisch: Sie können dem iPad sogar vom Rechner aus Dokumente zuspielen. Wenn Sie beispielsweise einmal ein Dokument, das Sie auf dem PC haben, an das iPad senden wollen, können Sie dies einfach für die *Kindle*-App erledigen. Das wird möglich, weil für jedes Endgerät intern eine eigene E-Mail-Adresse vergeben wird, sobald Sie die App installieren. Dafür müssen Sie das betreffende Dokument allerdings zunächst erst über das Webinterface in die Amazon Cloud hochladen.

Abbildung 17.9: Den Kindle gibt es auch als App.

Abbildung 17.10: Kindle, kostenlos

Shopanbindung inklusive

Optisch ist die *Kindle*-App aber eher schlicht gehalten – hier kann Apples eigene Lösung *iBooks* sicherlich weitaus mehr überzeugen. Beim Lesen ähnelt die Bedienung und die Funktionalität stark jener von Amazons App. Dabei ist ebenfalls eine weitgehend individuelle Konfiguration der Schrift möglich.

Abbildung 17.11: Früher ein virtuelles Bücherregal – jetzt eine App wie andere auch: Apples iBooks.

Abbildung 17.12: iBooks, kostenlos

Abbildung 17.13: ebook-search, kostenlos

Auch eine weiße Schrift auf schwarzem Hintergrund kann ausgewählt werden, wenn Sie Ihren Augen bei Dunkelheit einen Gefallen tun möchten. Der größte Nachteil aber dürfte sein, dass die E-Book-Reader-App nur auf Apple-Geräten zur Verfügung steht. Sollten Sie sich hingegen ungern auf einen einzelnen Shop festlegen wollen, könnte Ihnen auch die App *ebook-search* gefallen: Hier können Sie in verschiedenen Online-Datenbanken nach passender Literatur stöbern und haben so eine noch größere Auswahl. Vor allem die Eingrenzung auf kostenlose Bücher gefällt, denn tatsächlich sind heutzutage besonders Klassiker in vielen Fällen gratis erhältlich.

17.7 Bücher publizieren

Das iPad bietet Ihnen aber nicht nur die Möglichkeit, Bücher und Fachzeitschriften zu konsumieren – die Digitalisierung der Inhalte hat es auch deutlich vereinfacht, selbst Autor zu werden. Lange Zeit bestand die größte Hürde beim Verlegen des eigenen Buchs darin, dass die Verlage davon überzeugt werden mussten, dass es sich lohnt, für das eigene Buch die Druckerpresse anzuwerfen – sehr spezielle Literatur, die mutmaßlich auch kein großes Publikum erreicht, hatte es da traditionell etwas schwerer.

Wenn Sie selber als Autor aktiv werden möchten, können Sie das jetzt ohne Risiko tun: Amazon betreibt den eigenen Dienst »Direct Publishing«, bei dem Autoren prinzipiell kostenlos die eigenen Bücher der Leserschaft offerieren können. Positiv ist daran natürlich zunächst einmal die Tatsache, dass Amazon als Nummer eins der Branche einen weiten Kundenkreis bedient. Infrage kommen nämlich nicht nur Besitzer eines iPads oder Android-Tablets, sondern natürlich vor allem die Nutzer der Kindle-E-Book-Reader. Diese Geräte ermöglichen nämlich nur den Einkauf bei Amazon selbst. Außerdem können beim Publizieren bis zu 70 Prozent des Verkaufserlöses als Verdienst kassiert werden – was allerdings in der Praxis recht schwer zu erzielen sein dürfte: Fachleute stellten jüngst fest, dass die meisten Kunden kaum bereit sind, mehr als rund drei Euro für das Werk eines unbekannten Hobbyautors auszugeben. Amazon schlägt deshalb vor, den Büchern mit Werbeaktionen zu einer größeren Leserschaft zu verhelfen. Möglich wird das, indem die Werke für einen begrenzten Zeitraum zum kostenlosen Download angeboten werden. Die Leser, so das Kalkül, bewerten das E-Book dann im besten Falle so positiv, dass später auch mehr Menschen bereit sind, einen angemessenen Preis zu zahlen. Tatsächlich kommt es nicht selten zu höheren Downloadzahlen während einer solchen Werbeaktion, die meisten Autoren bewerten diese Methode dennoch nicht als besonders nachhaltig – die Verkäufe kurbelt es kaum an.

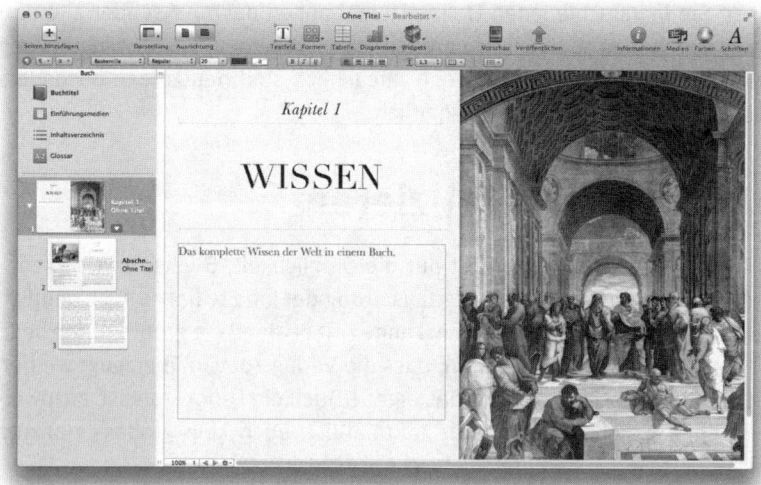

Abbildung 17.14: Mit iBooks Author kann man Multi-Touch-Lehrbücher und Bücher aller Art für das iPad und den Mac erstellen. Allerdings ist die App nur für Apple-Desktop-Rechner und nicht fürs iPad erhältlich.

17.8 Fazit: iPad als universellen Reader nutzen

Für Zeitschriften ist das iPad einfach wie geschaffen: In den Kriterien Gewicht und Größe dürfte es die meisten Fachmagazine unterbieten. Wenn Sie das iPad als Freiberufler ohnehin immer dabeihaben, spart das Tablet noch eine Menge Platz im Reisegepäck. Das gilt vor allem dann, wenn Sie sich vor der Reise nicht so recht festlegen möchten und ansonsten gleich eine ganze Auswahl an Fachliteratur transportieren würden. Und sollten Sie gerade unterwegs sein, wenn die neue Ausgabe Ihrer Lieblingszeitschrift erscheint, müssen Sie nicht erst einen Kiosk aufsuchen. Dass sich zu Hause keine Papierberge mehr stapeln und im Allgemeinen Ressourcen geschont werden, soll hier nur einmal am Rande erwähnt werden. Dabei sind für Sie sicherlich nicht nur Fachzeitschriften oder Fachbücher interessant: Wichtige Informationen werden heute je nach Branche auch auf Internetseiten oder Blogs veröffentlicht. Mit einem RSS-Reader behalten Sie immer die Übersicht, ohne unterwegs mühsam alle Seiten aufrufen zu müssen. Besonders vorteilhaft ist dabei auch die Tatsache, dass nur ein sehr geringer Datentraffic verursacht wird. Somit können Sie sich auch dann auf dem allerneuesten Stand halten, wenn Sie gerade unterwegs sind und auf Ihre mobile Datenverbindung zurückgreifen müssen.

18

Rechnen und Buchhaltung

Wenn Sie Freiberufler sind, verantworten Sie jede Ausgabe persönlich; und auch das Geld landet nicht als Gehaltszahlung automatisch auf Ihrem Konto. Doch auch wenn Sie einmal länger nicht im Büro sein sollten, bedeutet dies noch nicht, dass keine Rechnungen erstellt werden. Mit den entsprechenden Apps erledigen Sie die Finanzgeschäfte einfach von unterwegs mit dem iPad.

18.1 iPad ohne Taschenrechner

Einen Taschenrechner hätte man eigentlich erwarten können – wenn Sie Ihr iPad erhalten, fehlt eine solche App allerdings. Benötigen Sie nur die Standardfunktionen eines Rechners samt der vier Grundrechenarten, kann der *Rechner für iPad* Ihnen gute Dienste leisten. Das Design entspricht in etwa jener App, die auch zum Rechnen mit dem iPhone ausgeliefert wird. Störend sind hingegen die umfangreichen Werbeeinblendungen, die nur in der Premium-Variante verschwinden.

Sehr innovativ hingegen zeigt sich *MyScript*: Hier können Sie die Rechenaufgaben direkt mit dem Finger oder einem Stylus aufschreiben, anstatt sie über den Touchscreen eintippen zu müssen. Der Vorteil liegt auf der Hand: Komplexere mathematische Ausdrücke wie Wurzeln oder Potenzen lassen sich verwenden, ohne dass lange nach den Operatoren gesucht werden muss. Leider ist das Display des iPads für diese handschriftlichen Eingaben nicht gerade geschaffen. Schnell schleichen sich Fehler ein, die den prinzipiellen Vorteil zunichtemachen. Trotzdem verfolgt die App ein interessantes Konzept, das vielen Nutzern, die die Wurzel oder Potenz auf der Tastatur nicht finden, entgegenkommt.

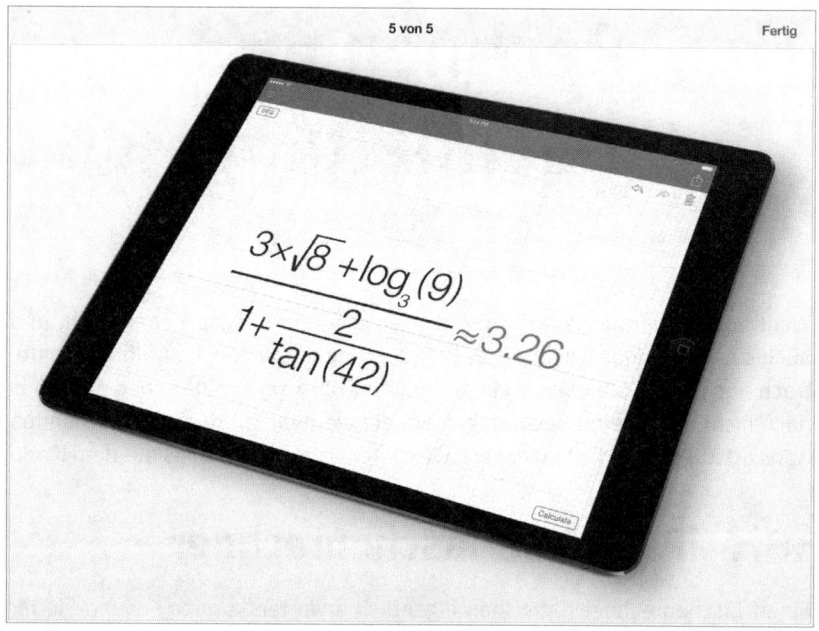

Abbildung 18.1: MyScript funktioniert ohne Tastatur.

Abbildung 18.2: MyScript, kostenlos

18.2 Wissenschaftlich rechnen

Für komplexere Rechenoperationen scheint *Digits* eine optimale Lösung zu bieten: Die Besonderheit liegt darin, dass hier eine umfangreiche Historie eingesehen werden kann. Handelt es sich also um lange Rechnungen mit vielen Zwischenergebnissen, können also eventuell gemachte Tippfehler leichter entdeckt werden. Insbesondere lange Additionen sind somit weniger anfällig für Fehler. Es bleibt nicht dabei, den Fehler lediglich feststellen zu können; auch eine Korrektur ist natürlich im Nachhinein noch möglich. Optisch überzeugt *Digits* bereits durch eine gute Übersichtlichkeit. Trotzdem stehen Ihnen noch verschiedene Layouts und Designs zur Verfügung, mit denen Sie die App Ihren eigenen Wünschen anpassen können.

Die beiden Rechner *Calc Pro – Der Top-Rechner!* und *CALC ? ein wissenschaftlicher Taschenrechner mit Konverter und Timer für das iPad, iPhone & iPod Touch* sind dabei insbesondere für die höhere Mathematik sinnvoll einsetzbar. Insgesamt überzeugt *Calc Pro* durch einen größeren Funktionsumfang, der es aber wiederum erschwert, bestimmte Rechenoperationen zu finden. *CALC* ist hingegen etwas übersichtlicher aufgebaut, büßt aber dafür etwas an Funktionalität ein. Gelungen ist hingegen der integrierte Währungsrechner, der dank seiner Online-Anbindung stets die aktuellen Tauschkurse zur Kalkulation verwendet.

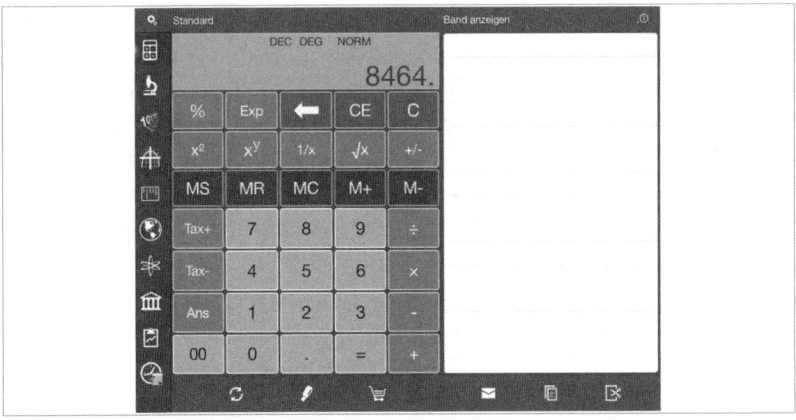

Abbildung 18.3: Mit Calc Pro dürften die meisten Rechenoperationen gelingen.

Abbildung 18.4: Digits, 3,99 €

Abbildung 18.5: Calc Pro, kostenlos, Erweiterungen möglich

18.3 Mobile Zeiterfassung mit WorkTimer

Stellen Sie als Freiberufler Ihre Arbeitszeit in Rechnung, dürfte eine App zur Zeiterfassung hilfreich sein. Hier kann beispielsweise *WorkTimer* helfen: Sie legen vor Beginn einen Sollplan fest. Sofern Sie also den Umfang eines Projekts schon absehen können, ist es möglich, bereits im Vorfeld zu planen und sogar Pausenzeiten bereits mit einzukalkulieren. Die tägliche Bedienung ist dann denkbar einfach; mit einem Knopfdruck starten und beenden Sie Ihren Arbeitstag. Wenn Sie parallel für unterschiedliche Kunden arbeiten, können Sie auch verschiedene Kundennummern oder Namen von Projekten hinzufügen. Außerdem lassen sich mit der App auch verschiedene Benutzerkonten verwalten, sodass Sie prinzipiell die Arbeitszeit Ihrer Teammitglieder ebenfalls erfassen können.

Dieselbe Aufgabe lässt sich auch durch die App *TimeSheet – Stundenzettel* erledigen. Hierbei können Sie gleichzeitig auch einen Stundenlohn eingeben, der die Berechnung der Kosten für den Auftraggeber ermöglicht. Praktisch: Auf einem übersichtlichen Kalender können Sie schnell einsehen, wie lange Sie wann gearbeitet haben.

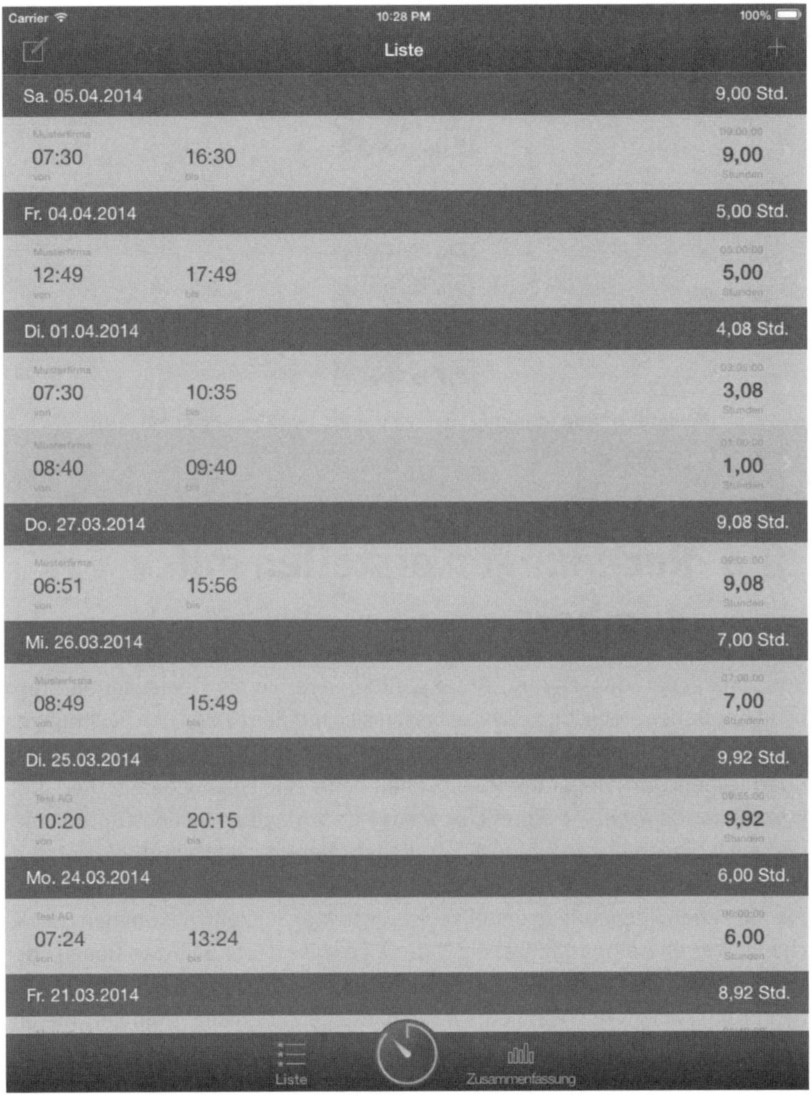

Carrier 🔋		10:28 PM	100% 🔋
✏️		Liste	+
Sa. 05.04.2014			**9,00 Std.**
Musterfirma			09:00:00
07:30	16:30		9,00
von	bis		Stunden
Fr. 04.04.2014			**5,00 Std.**
Musterfirma			05:00:00
12:49	17:49		5,00
von	bis		Stunden
Di. 01.04.2014			**4,08 Std.**
Musterfirma			03:05:00
07:30	10:35		3,08
von	bis		Stunden
Musterfirma			01:00:00
08:40	09:40		1,00
von	bis		Stunden
Do. 27.03.2014			**9,08 Std.**
Musterfirma			09:05:00
06:51	15:56		9,08
von	bis		Stunden
Mi. 26.03.2014			**7,00 Std.**
Musterfirma			27:00:00
08:49	15:49		7,00
von	bis		Stunden
Di. 25.03.2014			**9,92 Std.**
Test AG			09:55:00
10:20	20:15		9,92
von	bis		Stunden
Mo. 24.03.2014			**6,00 Std.**
Test AG			06:00:00
07:24	13:24		6,00
von	bis		Stunden
Fr. 21.03.2014			**8,92 Std.**

Liste   Zusammenfassung

Abbildung 18.6: WorkTimer erfasst die geleisteten Stunden.

Abbildung 18.7: WorkTimer, 0,99 €

Abbildung 18.8: Stundenzettel, kostenlos, Erweiterungen möglich

18.4 Rechnungen erstellen mit Numbers

Vom alleinigen Erfassen Ihrer Arbeitszeit können Sie als Freelancer natürlich nicht überleben – glücklicherweise lassen sich mit dem iPad auch Rechnungen schreiben. Was sich zunächst wie eine Spielerei anhört, gelingt in der Praxis überraschend gut: Sogar Apple selbst hält dafür eine Lösung bereit. Die Tabellenkalkulation *Numbers* bietet eine Menge an Vorlagen, zu denen unter anderem auch eine Rechnung gehört. Somit steht bereits das Layout, die entsprechenden Positionen müssen Sie dann natürlich noch selbst eingeben. Wenn Sie nur selten Rechnungen erstellen, ist diese Möglichkeit vollkommen ausreichend. Was allerdings fehlt, ist die Option, gewisse Rechnungspositionen oder Kunden verwalten zu können, um sie immer wieder einzusetzen. Hierfür stehen professionellere Lösungen zur Wahl, die genau diesen Mehrwert bieten. Sollte Ihnen lediglich die Vorlagen bei *Numbers* nicht zusagen, können Sie selbstverständlich hier mit weiteren Apps nachrüsten, die mit sogenannten »Templates« weitere Rechnungsentwürfe bereitstellen.

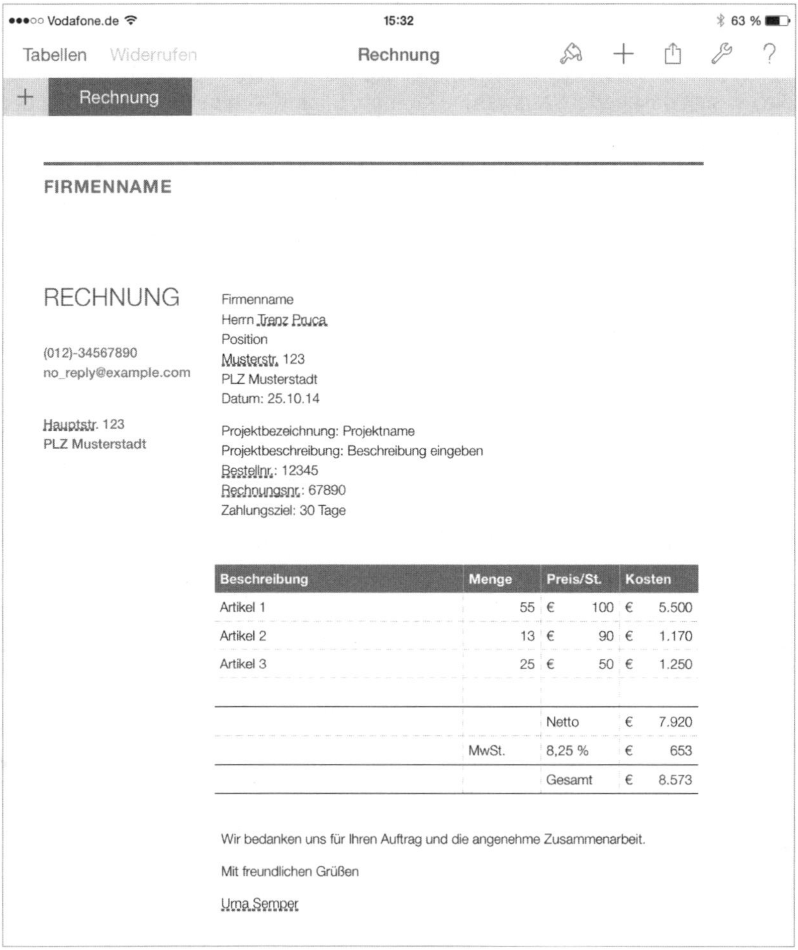

●●●○○ Vodafone.de 🛜   15:32   🔋 63 % ▮▭▷

Tabellen   Widerrufen   Rechnung   🖋   +   🗄   🔧   ?

\+   Rechnung

FIRMENNAME

RECHNUNG

(012)-34567890
no_reply@example.com

Hauptstr. 123
PLZ Musterstadt

Firmenname
Herrn Franz Pouca
Position
Musterstr. 123
PLZ Musterstadt
Datum: 25.10.14

Projektbezeichnung: Projektname
Projektbeschreibung: Beschreibung eingeben
Bestellnr.: 12345
Rechnungsnr.: 67890
Zahlungsziel: 30 Tage

Beschreibung	Menge	Preis/St.	Kosten
Artikel 1	55	€ 100	€ 5.500
Artikel 2	13	€ 90	€ 1.170
Artikel 3	25	€ 50	€ 1.250
		Netto	€ 7.920
	MwSt.	8,25 %	€ 653
		Gesamt	€ 8.573

Wir bedanken uns für Ihren Auftrag und die angenehme Zusammenarbeit.

Mit freundlichen Grüßen

Uma Semper

Abbildung 18.9: Numbers kann auch Rechnungen schreiben.

Abbildung 18.10: Numbers, 9,99 €

Schneller Rechnungen schreiben

Die App *Invoice2go* bietet rund 20 Vorlagen für Rechnungen, aus denen Sie die für sich passendste auswählen können. Sie müssen bei der Erstellung der Rechnung wie bei *Numbers* lediglich die Beträge und die Rechnungspositionen eingeben, der Rest wurde bereits durch die professionelle Vorlage gespeichert. Dabei können Sie die Kundendaten natürlich speichern, was das Erstellen künftiger Rechnungen oder Kostenvoranschläge vereinfacht.

Abbildung 18.11: Mit Invoice2go lassen sich leicht Rechnungen schreiben.

Abbildung 18.12: Invoice2go, kostenlos, Erweiterungen möglich

Noch weiter reduziert werden kann der Aufwand, wenn bestimmte Produkte oder Service-Leistungen ebenfalls eingespeichert werden. Besonders nützlich: Sie können in Ihre Rechnung auf Wunsch einen Button zur PayPal-Zahlung einfügen. Wenn Ihr Kunde das Dokument als PDF-Datei per Mail erhält, kann er damit besonders einfach und schnell online die Zahlung veranlassen. Sollten Sie Kleingewerbetreibender sein, können Sie durch entsprechende Vorlagen auch darauf verzichten, die Mehrwertsteuer zu berechnen. Ansonsten sind aber Rechnungserstellungen ebenfalls möglich, die den Anforderungen nach §§ 14, 14a Umsatzsteuergesetz genügen. Leider ist die Darstellung von Umlauten fehlerhaft, sobald das PDF-Dokument erstellt wird.

Controlling mit Quick Sale Pro

Mit dieser Sorge haben Sie nicht zu kämpfen, wenn Sie stattdessen *Quick Sale Pro* einsetzen: Die App selbst ist zwar leider nur englischsprachig, lässt sich dafür aber umfangreich editieren und auf Ihre Bedürfnisse zuschneiden. Fallen bei Ihnen immer wieder dieselben Dienstleistungs- oder Produktpakete an, können Sie wohl mit keiner anderen App so schnell eine Rechnung erstellen. Sogar ein Warenbestand lässt sich mit der App verwalten, was weitere Apps zu diesem Zwecke überflüssig macht. Auch ein gewisses Controlling ist mit *Quick Sale Pro* möglich, so lassen sich mithilfe von Datenauswertungen Statistiken anfertigen, die beispielsweise Ihre monatlichen Verkäufe oder Aufträge anzeigen. Außerdem überzeugt die App durch ein tolles Design: Nicht nur die Aufteilung ist an den großen Bildschirm des iPads angepasst, auch die scharfe Darstellung des Retina-Displays wird voll unterstützt. Praktisch ist auch die Option, beispielsweise ein eigenes Logo im Briefkopf zu integrieren. Positiv ist auch die Möglichkeit, *Quick Sale* vor dem Kauf ausgiebig testen zu können. Mit der kostenlosen Lite-Version ist eine Erstellung von bis zu fünf Rechnungen möglich, ehe zur Premiumvariante gewechselt werden muss. Schade ist allerdings, dass keine Anbindung an die iCloud möglich ist.

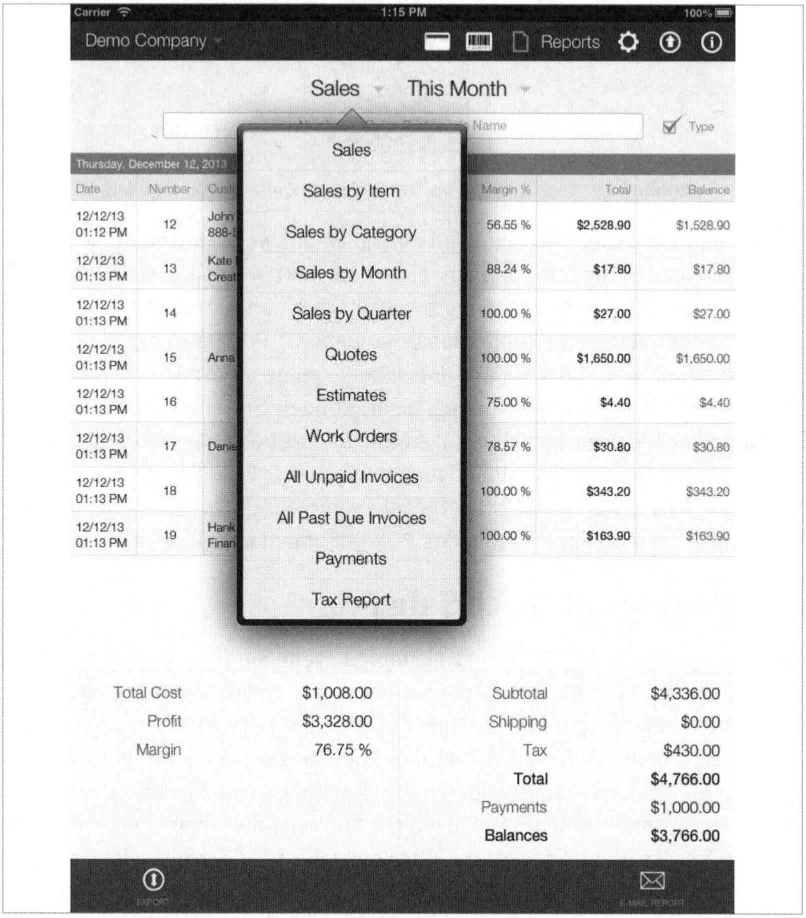

			Margin %	Total	Balance
Carrier 🛜		1:15 PM			100% 🔋

Demo Company ⌄ ▭ ▥ 🗋 Reports ⚙ ⓐ ⓘ

Sales ⌄   This Month ⌄

	Name	☑ Type

Thursday, December 12, 2013

Date	Number	Cust		Margin %	Total	Balance
		Sales				
12/12/13 01:12 PM	12	John 888-5	Sales by Item	56.55 %	$2,528.90	$1,528.90
12/12/13 01:13 PM	13	Kate Creat	Sales by Category	88.24 %	$17.80	$17.80
12/12/13 01:13 PM	14		Sales by Month	100.00 %	$27.00	$27.00
12/12/13 01:13 PM	15	Anna	Sales by Quarter	100.00 %	$1,650.00	$1,650.00
12/12/13 01:13 PM	16		Quotes	75.00 %	$4.40	$4.40
12/12/13 01:13 PM	17	Danie	Estimates	78.57 %	$30.80	$30.80
12/12/13 01:13 PM	18		Work Orders	100.00 %	$343.20	$343.20
12/12/13 01:13 PM	19	Hank Finan	All Unpaid Invoices	100.00 %	$163.90	$163.90
			All Past Due Invoices			
			Payments			
			Tax Report			

Total Cost	$1,008.00	Subtotal	$4,336.00
Profit	$3,328.00	Shipping	$0.00
Margin	76.75 %	Tax	$430.00
		Total	$4,766.00
		Payments	$1,000.00
		Balances	$3,766.00

ⓘ EXPORT   ✉ E-MAIL REPORT

Abbildung 18.13: Quick Sale Pro kann als Controlling-Programm genutzt werden. Leider ist es nicht deutsch lokalisiert.

Abbildung 18.14: Quick Sale Pro, 29,99 €

18.5 Werden Sie Ihr eigener Controller

Nicht nur das Erstellen von Rechnungen kann mit dem iPad geschehen, auch die komplette Finanzverwaltung kann darauf erledigt werden. Leistungsfähige Apps wie *Visual Budget*« machen es möglich: Bei diesem Haushaltsbuch für iPhone und iPad können Sie jede Transaktion einer bestimmten Kategorie zuordnen. Dadurch sehen Sie am Ende eines jeden Monats, wohin Ihr Geld fließt – ohne jede einzelne Ausgabe für sich bewerten zu müssen.

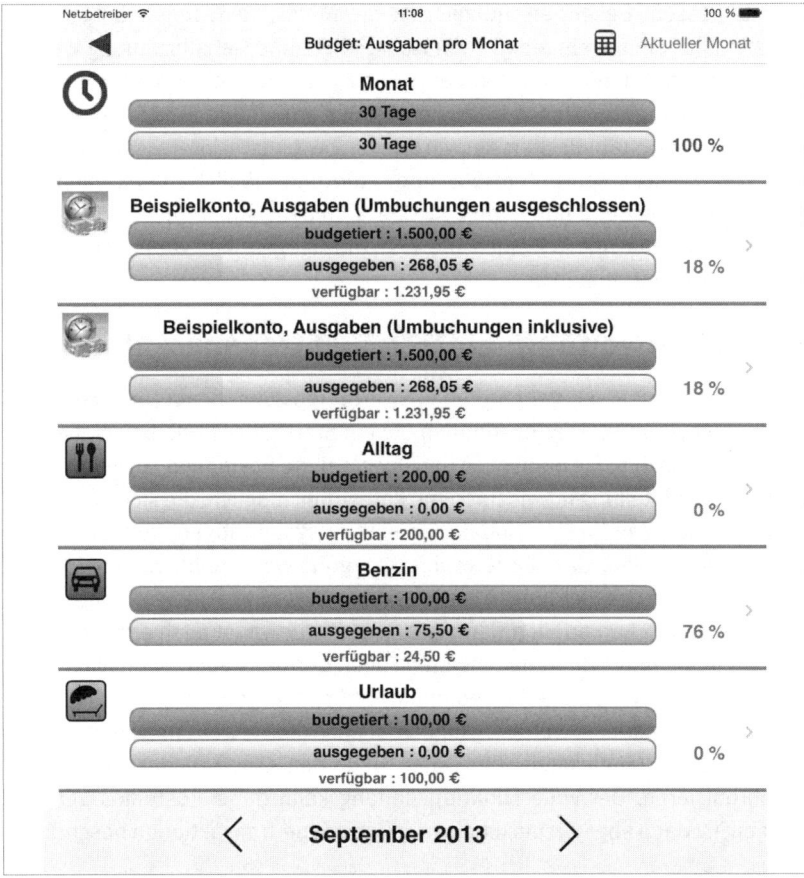

Abbildung 18.15: Visual Budget ist ein Haushaltsbuch für das iPad.

Abbildung 18.16: Visual Budget, kostenlos, Erweiterungen möglich

Welche Kategorien Sie dabei wählen, bleibt Ihnen selbst überlassen, viele verschiedene Symbole ermöglichen eine umfangreiche Einteilung nach eigenem Ermessen. Besonders nützlich ist die Möglichkeit, regelmäßige Geldtransfers nur einmal eingeben zu müssen: Miete und Gehaltszahlung werden zu einem von Ihnen definierten Zeitpunkt ganz automatisch verrechnet. Für die Controller unter uns dürfte die Visualisierung der Ausgaben mithilfe umfangreicher, statistischer Auswertungen besonders interessant sein. So lassen sich leicht Sparpotenziale aufdecken und mögliche Verschwendung reduzieren. Die Belohnung folgt in den kommen Monaten: *Visual Budget* zeigt Ihnen dann nämlich auch die Ersparnis gegenüber vorangegangenen Abrechnungszeiträumen an.

Budgetverwaltung: Einfach und transparent

Eine andere, nicht weniger empfehlenswerte App zum Thema Haushaltsbuch heißt *MoneyControl*. Hier bestimmen Sie ein Startbudget, wie beispielsweise Ihr Gehalt, von dem Sie dann nach und nach weitere Positionen abziehen. Auch hier ist eine Einteilung in verschiedene Kategorien möglich, die sich besonders intuitiv auswählen lassen: Sobald Sie eine Ausgabe tätigen, können Sie ein Symbol auswählen, das die jeweilige Kategorie beschreibt. Haben Sie beispielsweise in neue Kleidung investiert, klicken Sie einmal auf ein symbolisiertes T-Shirt – die App erledigt dann den Rest. Natürlich ist auch eine genauere Beschreibung möglich; in den meisten Fällen dürfte es aber tatsächlich wichtiger sein, durch eine einfache Bedienung dafür zu sorgen, dass in der Tat sämtliche Ausgaben erfasst werden. Möglich ist auch die Verwaltung mehrerer Konten sowie die Möglichkeit, die Daten über den Cloud-Dienst Dropbox zu synchronisieren. Der volle Funktionsumfang kann dabei kostenlos getestet werden, ist dann aber auf maximal 20 verschiedene Transaktionen beschränkt.

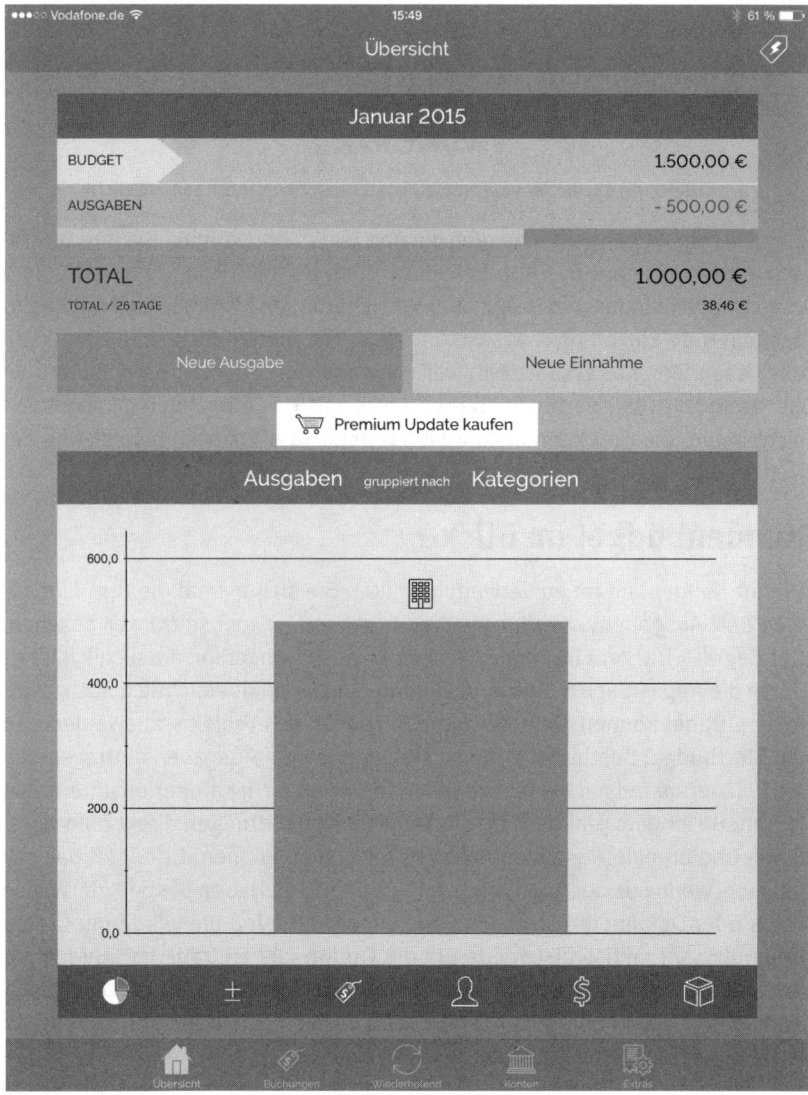

Abbildung 18.17: MoneyControl ist auch für den geschäftlichen Einsatz gut zu gebrauchen.

Abbildung 18.18: MoneyControl, kostenlos, Erweiterungen möglich

Einen Schritt weiter geht hingegen die App *iLohn*. Hier können Sie Ihre Bruttoeinkünfte eintragen. Die App kalkuliert dann den aktuellen Steuersatz und vergisst auch Kinderfreibeträge oder Versicherungen nicht, die sich auf das zu versteuernde Einkommen auswirken. Wenn Sie freiberuflich tätig sind, kann das besonders interessant sein, weil Sie dann wohl häufig über Einkünfte in wechselnder Höhe verfügen. Dabei ist es mit der Einkommenskalkulation nicht getan, die App kann auch Erläuterungen zu der Zusammensetzung der Nettoeinkünfte liefern.

Kundenbudget im Blick

Um Ihr Kundenbudget zu verwalten, sollten Sie sich einmal die App *Einnahmen und Ausgabenverwaltung – Live Expenses – Expense tracker* ansehen. Der Begriff »Tracker« im Namen kommt nicht von ungefähr: Tatsächlich ist es durch die App einfach möglich, bestimmte Ausgaben übersichtlich nachzuverfolgen. Dabei können Sie zunächst den Namen des Projekts auswählen und ein Startbudget bestimmen. Danach können Sie die Ausgaben eintragen, die sich wiederum frei nach den eigenen Anforderungen in Kategorien unterteilen lassen. Besonders praktisch ist die Möglichkeit, Quittungen direkt abfotografieren und an eine Ausgabeposition anhängen zu können. Leider ist das nur möglich, wenn aus der App heraus fotografiert wird. Haben Sie beispielsweise Fotos oder Dokumente auf dem iPad gespeichert, sind die wiederum für die App nutzlos. Praktisch ist wiederum die Option, die Einträge im CSV-Format exportieren zu können, was eine Weiterbearbeitung in Excel ermöglicht. Äußerst fair: Sie können die App mit beinahe allen Funktionen für ein Projekt kostenlos testen, ehe ein Kauf notwendig wird.

Abbildung 18.19: Expense tracker hilft, die Ausgaben zu überblicken.

Abbildung 18.20: Expense tracker, 5,99 €

18.6 Online-Banking: Nicht alle Apps sind sicher

Für das Bezahlen stehen ebenfalls eine Reihe unterschiedlicher Applikationen zur Verfügung. Die App *iControl* überzeugt prinzipiell mit einem hohen Maß an Universalität, viele Banken und Überweisungsmethoden werden unterstützt. Leider patzt *iControl* an anderen Stellen: Die Bedienung ist wenig intuitiv, zudem werden sensible Bankdaten unverschlüsselt durchs Netz geschickt, wenn grafische Auswertungen erstellt werden – auf diese Funktion sollten Sie also besser verzichten.

Finanzblick besitzt ebenfalls einen soliden Funktionsumfang und eine tolle Optik. So werden Überweisungsträger beispielsweise so dargestellt, als handle es sich um ein echtes Papierdokument. Da die App kostenlos ist, können Sie in Ruhe testen, ob Ihnen eine solche Darstellung liegt. Denn klassische Webformulare, die auf das Display des Tablets angepasst sind, wären vermutlich etwas übersichtlicher gewesen.

Genau diese fehlende Übersicht bietet *Sparkasse +*: Anders als der Name vermuten lässt, können hier auch Konten anderer Banken als der Sparkasse verwaltet werden, lediglich das mTan-Verfahren wird nicht unterstützt. Als nettes Extra sucht die App auch den nächsten Bankautomaten in Ihrer Nähe.

Die insgesamt wohl beste App zum Thema heißt *OutBank*: Hohe Sicherheit, übersichtliche Darstellung sowie Einsatzmöglichkeiten für praktisch alle TAN-Verfahren und Banken zeichnen diese Applikation aus. Außerdem können auf Wunsch alle Bankdaten in der iCloud gesichert werden. Wenn Sie dagegen kein gutes Gefühl dabei haben, Apple diese Informationen zu überlassen, können Sie diese Funktion einfach deaktivieren. Der einzige Nachteil ist der vergleichsweise hohe Preis; rund 21 Euro sind deutlich mehr, als bei der Konkurrenz fällig wird.

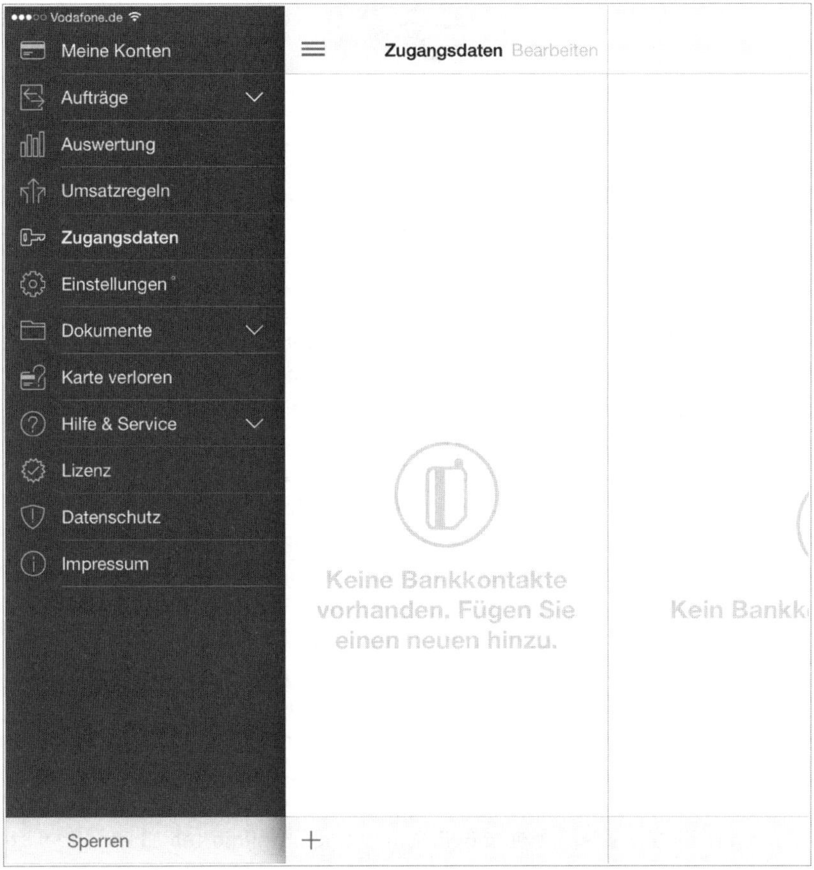

Abbildung 18.21: Eine weit verbreitete Banking-App ist OutBank.

Abbildung 18.22: iControl, 1,99 €

Abbildung 18.23: OutBank, je nach Version kostenlos oder 20,99 €

18.7 Fazit: Buchhaltung und Controlling

Für das Büro eines Freelancers braucht es kaum mehr als ein iPad: Egal ob Finanzen verwaltet oder Rechnungen erstellt werden sollen – die passende App erweitert den Funktionsumfang des praktischen Tablets ungemein. Vor allem die Möglichkeit, einfach und schnell unterwegs Rechnungen erstellen zu können, beeindruckt, zumal dazu keine hohen Investitionen notwendig sind. Sogar Apples hauseigene Tabellenkalkulation *Numbers* hält entsprechende Vorlagen bereit, die den Versand professioneller Rechnungen ermöglichen. Spezialisierte Apps wie *Invoice2go* gehen noch einen Schritt weiter: Hier können Sie immer wiederkehrende Rechnungspositionen einfach sichern und bei Bedarf abrufen. Damit Sie überhaupt wissen, welchen Betrag Ihnen die Geschäftspartner schuldig sind, müssen Sie zunächst natürlich die für das Projekt geleistete Arbeitszeit erfassen. Applikationen wie *WorkTimes* helfen Ihnen dabei und können sogar Unterstützung dabei leisten, ein gewisses Budget nicht zu überschreiten. Möglich wird das, indem Sie im Vorfeld einfach Sollzeiten auswählen und damit den Zeitaufwand im Blick behalten. Haben Sie die Budget-Verantwortung für ein Projekt, könnte *Live Expenses* einen echten Mehrwert bieten: Hier ist es möglich, mit einem definierten Startbudget zu beginnen und somit die Finanzen immer im Auge zu behalten. Sollten Sie selbst einmal Ihre Verbindlichkeiten begleichen müssen, stehen Ihnen ebenfalls viele unterschiedliche Helfer zur Verfügung, die neben einer umfangreichen Haushaltsplanung auch das Tätigen von Bankgeschäften ermöglichen.

19

Backup und Sicherheit

Die mobile Nutzung von iPhone und iPad birgt leider auch Gefahren: So ist ein fremder Zugriff deutlich leichter möglich als beim heimischen Rechner. Somit können auch möglicherweise sensible Daten einfacher in die falschen Hände gelangen – vor einem Diebstahl sind auch sehr umsichtige Menschen nicht gefeit. Mit den richtigen Apps können Sie Ihre Daten aber rechtzeitig in Sicherheit bringen. Dabei besteht die Gefahr nicht nur durch einen Verlust des Gerätes, auch Beschädigungen können die Ursache dafür sein, dass das iPhone oder iPad die gesicherten Daten nicht mehr preisgibt. Die Notwendigkeit von Datenschutz oder Backups würde heute kaum ein User mehr infrage stellen – faktisch sorgen sich aber die wenigsten darum, dass dies auch tatsächlich passiert. Die meisten Menschen halten die Datensicherung für kompliziert und gehen ihr so aus dem Weg. Dabei existieren eine Menge Apps, die diesen Vorgang erleichtern und auch darüber hinaus noch einen echten Mehrwert schaffen.

19.1 Daten sichern in der iCloud

Seit iOS 5 ermöglicht Apple die Datensicherung in der iCloud. Vorher wurde ein Backup automatisch dann durchgeführt, wenn eine Verbindung mit dem Rechner hergestellt wurde. Was weitgehend automatisiert und vom Nutzer unbemerkt geschah, hatte aber einen ganz erheblichen Nachteil: Immer häufiger wird das Tablet gar nicht mehr durch ein Kabel mit dem PC verbunden. Heute erscheint es quasi als selbstverständlich, dass die Daten über Netzwerk oder Internet bereitgestellt werden. Apples iCloud bietet prinzipiell einen großen Funktionsumfang, speichert auf Wunsch ganz automatisch Filme, Dokumente und Musik. Schon nach dem Erstellen einer solchen Datei geschieht ein Upload, danach sind die Daten über zehn unterschiedliche Geräte via Client erreichbar. Die Funktion dieser Datensicherung muss allerdings zunächst aktiviert werden, dann erfolgt einmal täglich eine Synchronisation, sobald Sie sich in einem WLAN befinden und das Gerät mit Strom versorgt wird. Zu den Vorzügen der iCloud gehört die Apple-typische perfekte Einbindung in das System, die dem Nutzer manuelle Arbeit erspart und auch weitere Apps überflüssig macht. Doch auch die Nachteile sollen hier nicht unerwähnt bleiben: Nicht wenige Anwender sehen ihre Daten in Gefahr; neben Google und Facebook wird auch Apple den Ruf der Datenkrake nicht so recht los, bei der vollkommen unklar ist, wie die vom Nutzer erfassten Daten überhaupt verwendet werden. Vielen Anwendern ist es deshalb lieber, wenn der Speicherort bekannt ist oder die persönlichen Dateien zumindest auf unterschiedliche, miteinander konkurrierende Unternehmen aufgeteilt werden.

Kosten der Cloud

Weiterhin sind bei der iCloud nur die ersten fünf Gigabyte kostenlos. Werden nur einfache Textdokumente gespeichert, dürfte dies kein Hindernis darstellen. Je komplexer und umfangreicher die Dateien, desto eher dürften Sie aber an die Grenzen dieser Kapazität gelangen. Natürlich ist ein kostenpflichtiges Upgrade möglich, verglichen mit vielen Konkurrenten aber teuer: Für 50 zusätzliche GB werden beispielsweise 80 Euro jährlich fällig. Google Drive hingegen bietet seinen Kunden den doppelten Speicherplatz für umgerechnet rund 25 Euro jährlich. Und auch die App-Anbindung fällt für die iCloud nicht immer positiv aus. So gelungen die Synchronisation mit Apples eigenen Diensten ist, so oft fehlt ein Client für alternative Anwendungen.

Dropbox und Google

Die größten Konkurrenten auf diesem Gebiet, namentlich Google und Dropbox haben ebenso gut funktionierende Apps im Programm. In beiden Fällen ist es auch möglich, beispielsweise geschossene Fotos direkt in die Cloud hochzuladen und damit zu sichern. Dabei erlauben es die Apps auch, einen Upload der Daten zu verhindern, wenn Sie gerade im Mobilfunknetz eingewählt sind und Ihr begrenztes Datenvolumen nicht überstrapazieren wollen. Umgekehrt werden beide Dienste ohnehin von sehr vielen Menschen schon auf dem PC oder Laptop verwendet. Durch die App ist ein mobiler Zugriff auch auf diese Dateien möglich. Weil der Speicherplatz beim iPad und iPhone begrenzt ist, werden dabei zunächst nur die Metadaten übertragen, sodass Sie erkennen können, welche Dateien überhaupt existieren. Erst wenn Sie sich ein bestimmtes Dokument ansehen möchten, erfolgt tatsächlich ein Download.

iTunes sichert auch fremde Daten

Auch via iTunes ist ein Backup möglich. Der Unterschied zur Datensicherung in der iCloud besteht zunächst einmal in der Handhabung: Für die Sicherung ist ein Rechner notwendig, auf dem iTunes installiert ist. Die Sicherung muss dabei nicht zwingend über ein Kabel erfolgen, auch die WLAN-Verbindung ist möglich. Natürlich müssen dann beide Geräte im selben Netzwerk eingewählt sein, weil das Backup nicht über das Internet stattfindet. Stattdessen wird auf dem Rechner lokal eine Backup-Datei gespeichert. Der Vorteil liegt darin, dass Sie Apple nicht Ihre Daten anvertrauen müssen. Außerdem werden alle Daten gesichert. Das betrifft also beispielsweise auch Musik, die sich zwar auf dem Gerät befindet, aber nicht bei iTunes gekauft wurde. Genauso steht es um fremde Apps, die Notizen und Entwürfe auf dem internen Gerätespeicher sichern, keine Anbindung an die iCloud ermöglichen und obendrein auch keine eigenen Cloud-Server betreiben.

19.2 iPad vor Langfingern schützen: Beachsafe

Geht es hingegen wie eingangs beschrieben nicht darum, die Daten technisch vor einem Verlust zu schützen, sondern vor einem Diebstahl, werden ebenfalls zahlreiche Lösungen angeboten: Die App *Beachsafe* beispielsweise merkt sich bei der Aktivierung genau jenen Ort, an dem das iPad abgelegt wurde. Mithilfe des Bewegungssensors erkennt das iPad selbstständig, wenn es geklaut wird

– und schlägt lautstark Alarm. Nützlich ist die App also vor allem, wenn Sie sich tatsächlich in der Nähe des Tablets befinden und dann eingreifen können. Können Sie den Diebstahl nicht verhindern, kann Ihnen das iPad seine Koordinaten via Mail zusenden, wenn es mit einem 3G-Modem ausgestattet sein sollte. Der größte Nachteil in der Praxis dürfte aber sein, dass die App nur dann sinnvoll einsetzbar ist, wenn Sie das iPad gerade irgendwo ablegen – unterwegs ist die Anwendung nutzlos. Zudem scheint die App ein wenig dazu zu neigen, überzureagieren. Bereits kleine Erschütterungen lösen den Alarm aus.

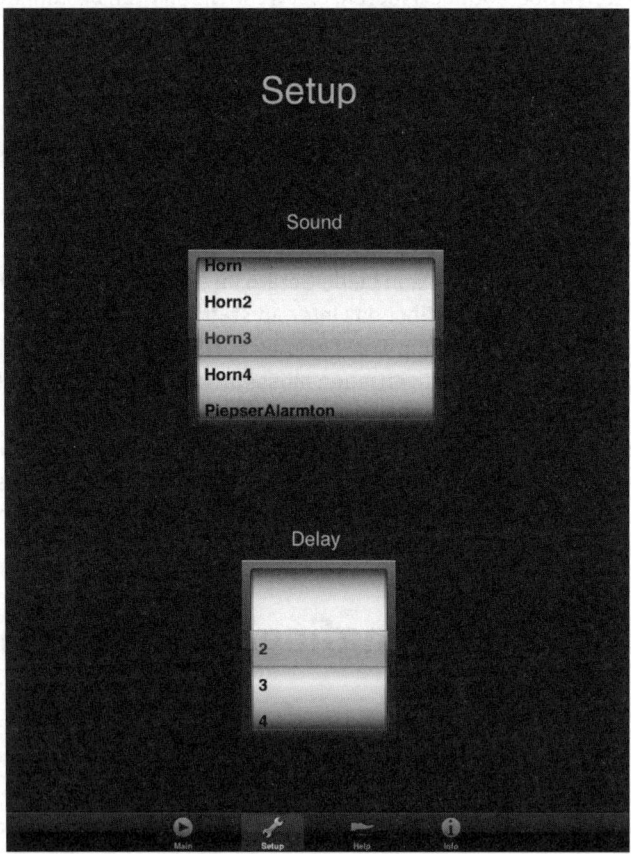

Abbildung 19.1: Beachsafe soll vor unbefugtem Berühren schützen.

Abbildung 19.2: Beachsafe, 0,99 €

Der Fernzugriff

Möchten Sie Ihr verschollenes iPad wiederfinden, können Sie auch einfach eine native Lösung nutzen: Die Funktion *Mein iPad suchen* wird durch Apple selbst angeboten. Die Funktion lässt sich in der iCloud aktivieren, danach ist ein recht umfangreicher Fernzugriff über ein Webinterface möglich. So können Sie das Tablet nicht nur orten, sondern dem möglichen Finder beispielsweise eine Nachricht mit Ihrer Telefonnummer zukommen lassen, die dann selbst auf dem gesperrten Display erscheint. Sollte darauf keine Reaktion erfolgen, kann das Gerät auch durch eine vierstellige PIN gesperrt werden. Alternativ ist es sogar möglich, einen Werksreset durchzuführen, der einen Zugriff auf sämtliche persönliche Daten verhindert. Die Ortung selbst geschieht über die gerade zur Verfügung stehende Datenanbindung: Unter freiem Himmel ist das idealerweise das GPS-Signal, ansonsten kann auch eine Standortbestimmung über das WLAN-Signal oder die verwendete Mobilfunkzelle erfolgen.

Auch Lookout lokalisiert das Tablet

Eine ähnliche Funktionalität bietet *Lookout*: Neben der Ortungsfunktion können zumindest die Kontakte auch auf einem eigenen Backup-Server gesichert werden. Komfortabel ist dabei die Verwaltung des kostenlosen Programms über ein Webinterface, die gerade bei mehreren Geräten Bedienungsvorteile schafft. Eine Besonderheit der App liegt darin, dass der letzte bekannte Standort automatisch aufgezeichnet wird, bevor ein leerer Akku für eine Abschaltung des iPads sorgt.

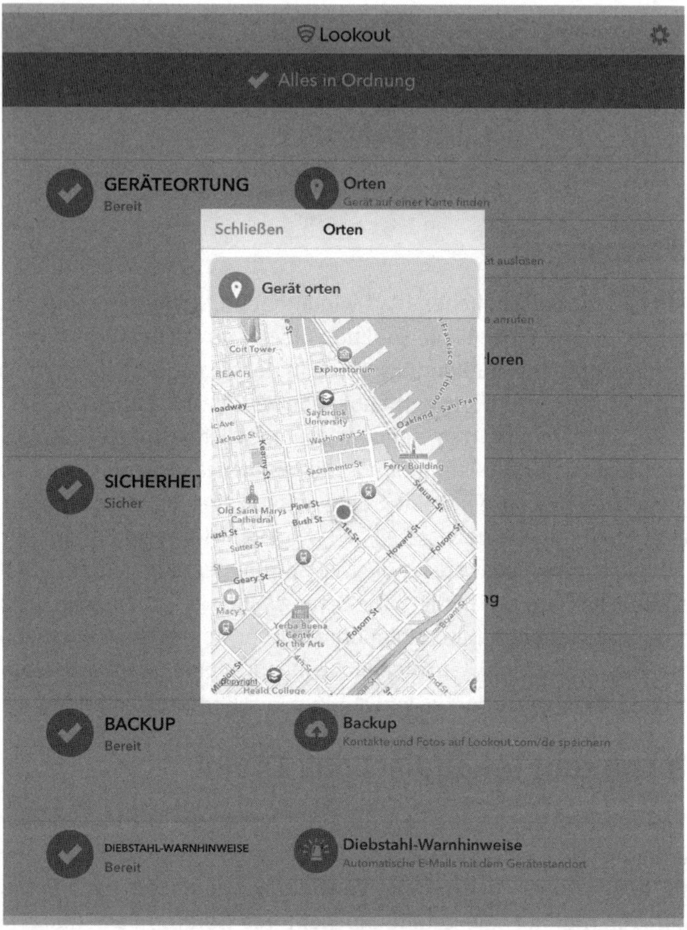

Lookout

Alles in Ordnung

GERÄTEORTUNG
Bereit

Orten
Gerät auf einer Karte finden

Schließen   **Orten**

Gerät orten

SICHERHEIT
Sicher

BACKUP
Bereit

Backup
Kontakte und Fotos auf Lookout.com/de speichern

DIEBSTAHL-WARNHINWEISE
Bereit

Diebstahl-Warnhinweise
Automatische E-Mails mit dem Gerätestandort

Abbildung 19.3: Lookout bietet ein komplettes Sicherheitspaket für das iPad an.

Abbildung 19.4: Lookout, kostenlos, Erweiterungen möglich

19.3 Verschlüsselung Ihrer Daten

Wenn es dagegen gar nicht darum geht, einen Diebstahl aufzudecken, bestimmte Inhalte aber trotzdem nicht für jedermann sichtbar sein sollen, könnte auch die Anwendung *Contactspro* sinnvoll sein: Diese App ermöglicht es, bestimmte Inhalte vor anderen Benutzern unsichtbar zu verstecken. Darunter fallen nicht nur Dateien und Dokumente, sondern auch Kontakte. Die Menge der so verstecken Daten ist nicht limitiert, besonders sensible Informationen können somit geschützt werden. Interessant ist die App auch, wenn Ihr iPad ohnehin von mehreren Nutzern verwendet wird, die aber nicht von jeder Information Kenntnis erhalten sollen.

Falle aufgestellt mit NG Mobile Vault

Auch die App *NQ Mobile Vault* macht unbemerkt Fotos von Nutzern, die ein falsches Passwort eingeben. Die übrige Funktionalität entspricht hingegen jener von *ContactsPro*: Nachrichten, Bilder und Videos können gesondert vor fremdem Zugriff geschützt werden. Um wichtige Daten zu sichern, geht die Anwendung *The Vault* einen anderen Weg als die meisten übrigen Apps: Sie sichert insbesondere Passwörter lokal auf dem Gerät und nicht in der Cloud. Wenn Sie also Unternehmen wie Apple, Google oder auch Dropbox Ihre Daten nicht so recht anvertrauen möchten, können Sie sie mit *The Vault* separat verschlüsseln. Damit beim Verlust des iPads ein fremder Zugriff gar nicht erst möglich ist, sollten Sie die Sicherheitseinstellungen in jedem Fall so wählen, dass ein PIN-Code zur Entsperrung des Displays benötigt wird. Das häufig gewählte Entsperrmuster hingegen hinterlässt verräterische Spuren auf dem Display und ist nicht immer sicher.

Abbildung 19.5: The Vault speichert Passwörter auf dem Gerät und nicht in der Cloud.

Abbildung 19.6: The Vault, kostenlos, Erweiterungen möglich

19.4 Fazit: Geschäftsdokumente in Sicherheit

Datensicherheit kann auf zwei verschiedenen Ebenen betrachtet werden: Zum einen sind Sie natürlich daran interessiert, Ihre Fotos und Notizen sowie Ihre geschäftlichen Dokumente gegen einen technischen Verlust zu schützen. Bei einem mobilen Gerät wie dem iPad ist das besonders sinnvoll, denn schon ein Sturz kann für einen Totaldefekt sorgen. Außerdem wären Sie nicht der Erste, der sein Tablet in einem hektischen Moment in der Bahn vergisst. Um wichtige Dateien zu sichern, eignet sich hier ein Backup in der Cloud bestens: Ohne dass Sie nach der Einrichtung noch einmal aktiv werden müssen, werden die Daten in Echtzeit gesichert. Neben dem Sicherungsaspekt haben Sie dabei noch den Vorteil des Zugriffs von mehreren Geräten aus; selbst wenn Sie Ihr iPad einmal vergessen haben sollten, können Sie über ein Webinterface zugreifen. Der andere Blickwinkel der Datensicherheit betrachtet hingegen eher den Schutz vor fremdem Zugriff. Hier bieten sich einige kostenlose Applikationen an, die die Daten auf Ihrem iPad mit einem Passwort verschlüsseln. Damit können Sie schnell nicht nur einzelne Dokumente, sondern sogar komplette Ordner per Passwort sichern.

20

Das Umfeld: Drucken und zeigen

Das iPad ist nicht gerade ein Meister im Zusammenspiel mit Nicht-Apple-Geräten. Dennoch kann es auch mit Peripherie-Geräten zusammenarbeiten. Das gilt besonders für das Drucken und Scannen. Gerade das Ausdrucken war in der iPad-Anfangszeit noch eine komplizierte Angelegenheit. Jetzt ist das in der Regel kein Problem mehr. Etwas schwieriger ist da schon die Ausgabe des Bildschirminhalts an einen Beamer. Der Königsweg ist dabei die Übertragung via AppleTV. Ansonsten helfen Kabel und Adapter. Einen Scanner in allen Funktionen ersetzen kann das iPad kaum, aber Grundfunktionen sind mit dem Tablet durchaus möglich.

20.1 Ausdruck per iPad

Das papierlose Büro wird mittlerweile seit Jahrzehnten propagiert. Dank der Digitalisierung der Berufswelt werden in der Tat immer weniger Dokumente ausgedruckt. Dennoch ist es manchmal notwendig, die Notiz, das Protokoll oder die Präsentation auf Papier zu bannen. Das ist beim iPad im seltensten Fall ein Problem. Bereits seit dem Betriebssystem iOS 4.2 gibt es die Möglichkeit von *AirPrint*. Diese Funktion steht in vielen Programmen zur Verfügung. Erreichbar ist sie über die Schaltfläche WEITERLEITUNG. Ob eine Druck-Funktion vorgesehen ist, hängt von der jeweiligen App ab. Der dazugehörige WLAN-Drucker muss sich im gleichen Netzwerk befinden. Nachdem Sie den Drucker ausgewählt haben, stehen Ihnen rudimentäre Druckeroptionen zur Verfügung, die je nach Modell variieren. Das kann zum Beispiel die Anzahl der Kopien sein, oder – falls der Drucker über eine Duplexeinheit verfügt – der doppelseitige Druck.

20.2 Das iPad am TV oder Beamer

Wäre es nicht schön, direkt vom iPad aus zu präsentieren? Das ist durchaus möglich, hängt allerdings davon ab, welches Ausgabegerät Sie vorfinden. Das ist in der Regel ein Beamer, manchmal auch ein entsprechend dimensionierter Fernseher. Der Anschluss an einem Fernseher ist noch relativ einfach. Dazu gibt es grundsätzlich zwei Möglichkeiten: per Kabel oder per Funk. Je nachdem, an welchem Anschluss Sie das iPad betreiben wollen, wählen Sie zwischen einem VGA-, DVI- oder HDMI-Kabel. Falls der Fernseher über einen HDMI-Anschluss verfügt, ist der HDMI-Adapter empfehlenswert, da dieser auch den Ton eines Videos übertragen kann. Benutzen Sie den VGA-Anschluss Ihres Fernsehers, benötigen Sie für die Tonübertragung zusätzlich ein Audio-Kabel. Nach der Verbindung über Kabel ist einer der häufigsten Fehlerquellen, dass die Quelle (»Source«) nicht korrekt gewählt wurde. Ansonsten kann man bei der Verbindung kaum etwas falsch machen.

Kabellos funktioniert die Verbindung mittels Apple TV. Dafür muss der Apple-TV-Receiver sich im selben WLAN befinden wie Ihr iPad und per HDMI-Kabel am Fernseher angeschlossen sein. Wenn Sie nun die WEITERLEITUNG-Schaltfläche betätigen und AIRPLAY wählen, wird der Bildschirminhalt auf das Fernsehgerät gespielt.

Auch um das iPad an einen Beamer anzuschließen, haben Sie grundsätzlich die Wahl zwischen zwei Möglichkeiten: die Verbindung mit oder ohne Kabel. Einfacher und in der Übertragung unproblematisch ist die Verbindung mittels Kabel und Adapter. Da die Adapter sowohl für HDMI- als auch VGA-Anschlüsse verfügbar sind, lässt sich das iPad so an jeden Beamer anschließen. Der Nachteil ist natürlich, dass das Tablet nicht mehr bewegt werden kann. Wer Bewegungsfreiheit mit dem iPad bevorzugt, sollte eine drahtlose Variante wählen. Beamer mit integriertem WLAN-Modul sind leider sehr selten und meist recht teuer. Ein Apple-TV-Gerät bildet dabei quasi die Brücke zwischen WLAN und

Beamer. Präsentationen und andere Inhalte lassen sich so problemlos vom iPad an den Beamer übertragen. Gerade mit dem iPad mini können Sie sich während der Präsentation frei im Raum bewegen und Ihre Folien von jedem Punkt im Raum steuern. Mit der Präsentationsansicht von *Keynote* haben Sie gleichzeitig einen Ersatz für die weitverbreiteten Moderationskarten in der Hand und sehen sowohl die nächste Folie als auch Ihre Notizen. Doch Vorsicht: Die WLAN-Verbindung muss stabil sein. In Gebäuden mit vielen drahtlosen Netzwerken kann das zu einem echten Problem werden. Und auf Dauer wird selbst ein leichtes iPad in der Hand relativ schwer.

20.3 Scannen mit dem iPad

Nutzen Sie ein Multifunktionsgerät, um Dokumente einzuscannen oder steht bei Ihnen noch ein Flachbettscanner? Das geht auch mit dem iPad. Dazu benötigen Sie eine Scanner-App, zum Beispiel *Scanner Pro*: Dabei handelt es sich selbstverständlich nicht um ein Scannen im eigentlichen, technischen Sinne, sondern um eine App zur Nutzung der Kamera des iPads. Der Vorteil der App gegenüber der Standardsoftware von Apple: Verzerrungen, die dadurch entstehen, dass das iPad nicht ganz gerade gehalten wird, werden automatisch ausgeglichen. Zudem erfolgt ebenfalls automatisch ein Zuschnitt auf das richtige Format und eine Speicherung im PDF-Format. Die Ergebnisse werden damit überraschend gut, wenn die Lichtverhältnisse nicht zu anspruchsvoll sind. Darüber hinaus überzeugt vor allem die einfache Handhabung.

Interessant, wenn auch mehr eine Spielerei, ist eine App, die zumindest technisch dieselbe Richtung verfolgt: Der *Abbyy Business Card Reader* ermöglicht es, die Kontaktdaten einer Visitenkarte einzuspeichern, ohne diese Informationen von Hand eintippen zu müssen. Dabei kann der Nutzer entscheiden, ob die Informationen einfach in der App gespeichert oder direkt in das Adressbuch übertragen werden sollen. Eine Kontrolle ist allerdings sinnvoll, nicht immer werden alle Informationen, die von der Visitenkarte abfotografiert werden, richtig interpretiert. Im Zweifelsfall wird das Foto der Visitenkarte auch in der App hinterlegt.

Noch einen Schritt weiter geht die App *TextGrabber + Translator*: Hiermit ist es nicht nur möglich, einen Text durch die App einzuscannen und dann als Foto oder PDF abzuspeichern; es wird sogar eine Umwandlung in ein Textformat ermöglicht. Der so gescannte Text kann dann von der App noch in 60 unterschiedliche Sprachen übersetzt werden – und das sogar offline. Damit die Texterkennung funktioniert, ist allerdings eine gut lesbare Vorlage unabdingbar. Außerdem müssen die Lichtverhältnisse einigermaßen günstig sein.

Abbildung 20.1: Das mit Scanner Pro abfotografierte Dokument kann als PDF geöffnet werden.

Abbildung 20.2: Scanner Pro by Readdle: 2,99 €

Index

Herbert Hertramph

Mit
Evernote®

Selbstorganisation und Informationsmanagement optimieren

- ■ Aktualisierte und stark erweiterte Neuauflage zur neuen Evernote-Version
- ■ Vom effektiven Notiztool bis zur komplexen Dateiverwaltung
- ■ Mit anschaulichen Beispielen und Tipps für Beruf und Alltag

Was auf den ersten Blick wie ein kleines Softwareprogramm zum Erstellen von Notizen aussieht, ist tatsächlich ein effektives Organisationstool. Innerhalb kürzester Zeit hat sich Evernote zur Standard-App für das Smartphone entwickelt. Notizen, Dateien, Fotos, Websites, Blogartikel – alles, was Sie sich im Alltag merken möchten, können Sie sich geordnet darstellen lassen und betriebssystem-unabhängig synchronisieren.

Herbert Hertramph gibt zunächst eine kompakte Einführung in das Programm von der Installation bis zum Erstellen der ersten Notiz. Danach stellt er zahlreiche Anwendungsmöglichkeiten mit vielen Tipps und Tricks vor, die zum Teil sogar langjährigen Evernote-Nutzern noch unbekannt sind.

Sie erfahren auch, wie Sie die Suchfunktion professionell nutzen und Evernote in den Arbeitsalltag integrieren. Von der individuellen Gedächtnishilfe entwickelt das Tool sich so zum zuverlässigen Informationsmanagementsystem.

Schließlich zeigt der Autor viele Beispiele aus der Praxis, die Anregungen für den eigenen Umgang liefern.

Probekapitel und Infos erhalten Sie unter:
www.mitp.de/9506

ISBN 978-3-8266-9506-3